CUADERNO DE TRABAJO
CÁLCULO I

CUADERNO DE TRABAJO
CÁLCULO I

Christiaan Ketelaar

Universidad Francisco Marroquín

Basado en Haussler *et. al.*
Matemáticas para Administración y Economía

Editorial **ARJÉ**

Cálculo I.   Cuaderno de Trabajo.
© Christiaan Ketelaar Editorial Arjé
6703 NW St.
Miami, Florida, 33126, USA
http://editorialarje.com
Email: info@editorialarje.com
ISBN-13: 978-1720785231
ISBN-10: 1720785236

Diagramación y Diseño de la portada: Allan Castillo

Índice

8

1. Límites (10.1)

El concepto de límite es fundamental para definir los conceptos de continuidad, derivada, integrales, áreas y volúmenes. Los problemas de límites surgen si se quiere encontrar la ecuación de la recta tangente o la razón instantánea de cambio de una variable dependiente respecto a una variable independiente.

Ejemplo 1: Considere la función $f(x) = \begin{cases} \dfrac{x^2 - 4}{x - 2} & x \neq 2 \\ \\ 8 & x = 2 \end{cases}$

Observe el comportamiento de la función cuando x se acerca a 2.

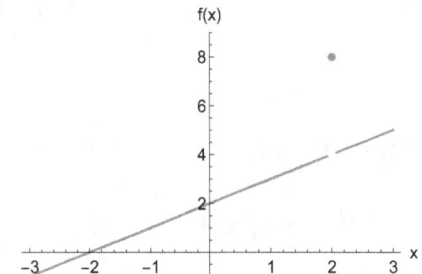

$x > 2$	$x \to 2^+$	$x > 2$	$x \to 2^-$
x	$f(x)$	x	$f(x)$
2.1	4.1	1.9	3.9
2.01	4.01	1.99	3.99
2.001	4.001	1.999	3.999
	$f(x) \to 4$		$f(x) \to 4$

A medida que los números x se acercan más a 2 (por la derecha y por la izquierda), los valores de $f(x)$ se acercan al número 4.

Este valor también es diferente al valor funcional en $x = 2$, $f(2) = 8$.

El concepto de límite nos permite analizar el comportamiento de $f(x)$ cuando x se acerca pero NO ES IGUAL a un número particular del dominio de f.

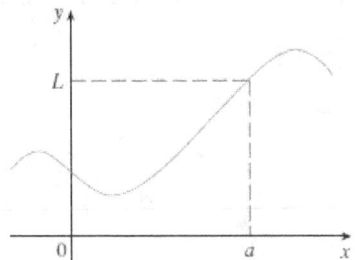
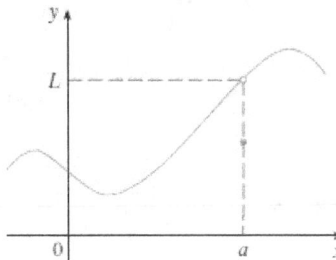

En ambas funciones a medida que x se acerca al número a (denotado como $x \to a$), los valores funcionales se van acercando al valor L (denotado como $f(x) \to L$).

En ambas funciones el límite es el número L a pesar que en la segunda función $f(a) \neq L$.

Definición: Límite de una función

El **límite** de $f(x)$ cuando x se aproxima al número a ($x \to a$) es un ÚNICO número L, denotado como

$$\lim_{x \to a} f(x) = L$$

siempre y cuando los valores de $f(x)$ puedan volverse tan cercanos al valor L ($x \to L$) al asumir un número x lo suficientemente cercano PERO **DIFERENTE de a.**

Si tal límite no existe, se dice que el límite de $f(x)$ no existe.

En el ejemplo anterior, el límite existe y podemos conjeturar que:

$$\lim_{x \to 2} \frac{x^2 - 4}{x - 2} = 4$$

Ejemplo 2: Analice $\lim_{x \to 2} g(x) = \lim_{x \to 2} x + 2$.

Podemos CONJETURAR que el límite de esta función es igual a 4.

$x > 2$	$x \to 2^+$	$x > 2$	$x \to 2^-$
x	$g(x)$	x	$g(x)$
2.1	4.1	1.9	3.9
2.01	4.01	1.99	3.99
2.001	4.001	1.999	3.999
	$f(x) \to 4$		$f(x) \to 4$

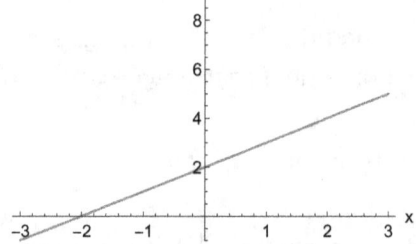

En este caso el comportamiento alrededor de $x = 2$ coincide con el valor funcional $g(2) = 4$.

Si una función $f(x)$ se puede simplificar utilizando álgebra a una función $g(x)$ excepto en $x = a$, entonces.

$$\lim_{x \to a} f(x) = \lim_{x \to a} g(x)$$

Observe que en los dos ejemplos anteriores $f(x) = \dfrac{x^2 - 4}{x - 2} \neq x + 2 = g(x)$, pero

$$\lim_{x \to 2} \frac{x^2 - 4}{x - 2} = \lim_{x \to 2}(x + 2) = 4$$

Propiedades de Límites

Las siguientes propiedades (las cuales se pueden demostrar utilizando la definición de límite) nos permiten evaluar límites sin necesidad de conjeturar sus valores.

1. Constante: $\lim\limits_{x \to a} c = c$

2. Monomio: $\lim\limits_{x \to a} x^n = a^n$

Si $\lim\limits_{x \to a} f(x)$ y $\lim\limits_{x \to a} g(x)$ existen, entonces

3. Suma/Diferencia: $\lim\limits_{x \to a}(f(x) \pm g(x)) = \lim\limits_{x \to a} f(x) \pm \lim\limits_{x \to a} g(x)$

4. Producto Escalar: $\lim\limits_{x \to a}(cf(x)) = c \lim\limits_{x \to a} f(x)$

5. Producto: $\lim\limits_{x \to a}(f(x)g(x)) = \lim\limits_{x \to a} f(x) \lim\limits_{x \to a} g(x)$

6. Cociente: $\lim\limits_{x \to a}\left(\dfrac{f(x)}{g(x)} \right) = \dfrac{\lim\limits_{x \to a} f(x)}{\lim\limits_{x \to a} g(x)}$ si $\lim\limits_{x \to a} g(x) \neq 0$

7. Raíces: $\lim\limits_{x \to a} \sqrt[n]{f(x)} = \sqrt[n]{\lim\limits_{x \to a} f(x)}$

Ejercicio 1:   Evalúe los siguientes límites.

a. $\lim\limits_{t \to \frac{1}{2}} 6t + 3$

b. $\lim\limits_{x \to -6} \dfrac{x^2 + 12}{x - 6}$

c. $\lim\limits_{p \to 4} \sqrt{p^2 + p + 5}$

Límites y manipulación algebraica

Límite de la Forma $0/0$: tanto el límite del numerador como del denominador son 0.

$$\lim_{x \to a} \left(\frac{f(x)}{g(x)} \right) \longrightarrow \frac{0}{0}$$

En estos límites no se pueden aplicar las propiedades de límites pero se pueden evaluar si el cociente se puede simplificar a una función donde si se puedan aplicar.

Límite de la Forma $k/0$: sólo el límite del denominador del cociente f/g es igual a cero.

$$\lim_{x \to a} \left(\frac{f(x)}{g(x)} \right) \longrightarrow \frac{k}{0}$$

Los límites de está forma no existen y se verá que en estos casos los valores de esta función se vuelven más grandes (o negativamente más grandes) a medida que $x \to a$.

Ejercicio 2: Encuentre los siguientes límites.

a. $\lim_{x \to 2} \dfrac{x^2 - 4}{x - 2}$

b. $\lim_{x \to 2} \dfrac{x^3 - 8}{x - 2}$

c. $\lim_{x \to -3} \dfrac{x^4 - 81}{x^2 + 9x + 18}$

d. $\lim_{u \to 1} \dfrac{\sqrt{u} - 1}{u - 1}$

Límites para cocientes de diferencias

El cociente de diferencias de una función $f(x)$ es la pendiente de la recta secante a $y = f(x)$ entre x y $x + h$. Se puede analizar el comportamiento de este cociente cuando $h \to 0$.

Ejercicio 3: Encuentre $\lim\limits_{h \to 0} \dfrac{f(x+h) - f(x)}{h}$

- $a(x) = x^2 - 3$

- $b(x) = \dfrac{1}{x+5}$

- $c(x) = \sqrt{2x+3}$

Límites que no existen

Ejemplo 3: Sea $S(x) = \dfrac{x}{|x|}$, evalúe $\displaystyle\lim_{x\to 0} S(x)$.

Utilizando la definición de valor absoluto, la función $S(x)$ se puede reescribir como:

$$S(x) = \begin{cases} -1 & si \quad x < 0 \\ 1 & si \quad x > 0 \end{cases}$$

$S(x)$ está indefinida en 0, pero se puede analizar su comportamiento alrededor de $x = 0$.

Si $x < 0$, todos los valores funcionales son iguales a -1:

$$\lim_{x\to 0} S(x) = -1$$

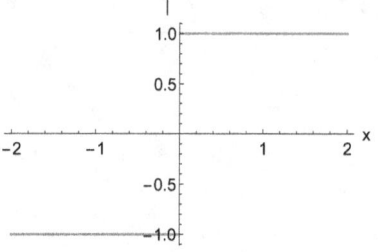

PERO, si $x > 0$, todos los valores funcionales son iguales a 1:

$$\lim_{x\to 0} S(x) = 1$$

$\displaystyle\lim_{x\to 0} S(x) = 0$ a medida que $x \to 0$, $S(x)$ no acerca a un único valor.

Ejemplo 4: Analice $\displaystyle\lim_{x\to 0} \dfrac{1}{x^2}$.

$x > 0$	$x \to 0^+$	$x < 0$	$x \to 0^-$
x	$f(x)$	x	$f(x)$
0.1	100	-0.1	100
0.01	10,000	-0.01	10,000
0.001	1,000,000	-0.001	1,000,000
	$f(x) \to \infty$		$f(x) \to \infty$

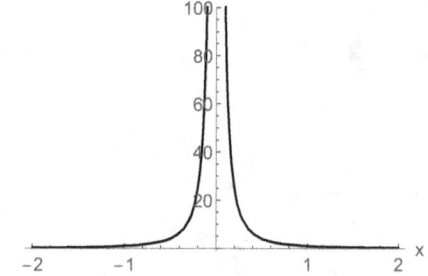

Como los valores de $f(x)$ se hacen más y más grandes, denotado como $f(x) \to \infty$, a medida que x se acerca más y más a 0, este límite TAMPOCO existe.

Los límites que no existen pero que tienden a valores grandes o "negativos grandes" sin cota alguna se pueden denotar utilizando la notación de infinito, $\displaystyle\lim_{x\to 0} \dfrac{1}{x^2} = \infty$.

2. Límites (continuación) (10.2)

Límites Laterales

Considere la función signo, la cual devuelve sólo el signo de un número.

$$S(x) = \begin{cases} -1 & si & x < 0 \\ 0 & si & x = 0 \\ 1 & si & x > 0 \end{cases}$$

Analice si $\lim\limits_{x \to 0} S(x)$ existe o no.

Si $x < 0$ $(x \to 0^-)$, $S(x)$ se aproxima a -1.

Si $x > 0$ $(x \to 0^+)$, $S(x)$ se aproxima a +1.

Como $S(x)$ se aproxima a dos números diferentes, entonces $\lim\limits_{x \to 0} S(x)$ NO EXISTE.

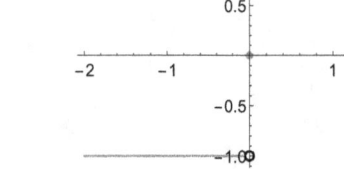

Límite izquierdo de $f(x)$ cuando x se aproxima a a por la izquierda $(x < a)$.

$$\lim_{x \to a^-} f(x) = L$$

Límite derecho de $f(x)$ cuando x se aproxima a a por la derecha $(x > a)$.

$$\lim_{x \to a^+} f(x) = L$$

- Los límites de este tipo se conocen como **límites laterales**.

- $\lim\limits_{x \to a} f(x)$ existe si y sólo si ambos límites laterales son iguales.

Ejercicio 1: Evalúe los siguientes límites (si existen)

a. $\lim\limits_{x \to 0^+} \sqrt{x}$

b. $\lim\limits_{x \to 0^-} \sqrt{x}$

c. $\lim\limits_{x\to 0} \sqrt{x}$

d. Sea $h(t) = \begin{cases} \sqrt{t+4} & si \quad t < 2 \\ 4-t & si \quad t > 2 \end{cases}$

    a) $\lim\limits_{t\to 0} h(t)$

    b) $\lim\limits_{t\to 2} h(t)$

e. $\lim\limits_{x\to 8} \dfrac{8-x}{|8-x|}$

Límites Infinitos

Analice el comportamiento de $f(x) = \dfrac{1}{x^2}$ a medida que x se acerca a cero.

$x > 0$	$x \to 0^+$	$x < 0$	$x \to 0^-$
x	$f(x)$	x	$f(x)$
0.1	100	-0.1	100
0.01	10,000	-0.01	10,000
0.001	1,000,000	-0.001	1,000,000
	$f(x) \to \infty$		$f(x) \to \infty$

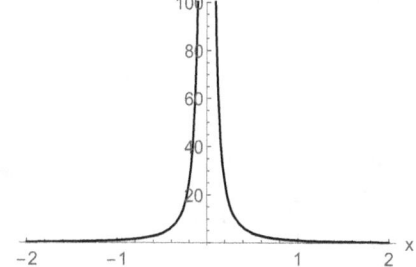

Observe que a medida que $x \to 0$, los valores de $f(x)$ se hacen más y más grandes y no se acercan a ningún número en particular, por lo que:

$$\lim_{x \to 0} \frac{1}{x^2} = +\infty \qquad \text{NO EXISTE}$$

Dividir 1 entre un número pequeño positivo nos da un número arbitrariamente grande, para expresar este comportamiento utilice la siguiente notación.

$$\lim_{x \to a} f(x) = \infty$$

Esta notación expresa la forma particular en el que el límite no existe, no existe porque sus valores funcionales se vuelven "arbitrariamente grandes".

Del mismo modo

$$\lim_{x \to a} f(x) = -\infty$$

Significa que el límite no existe porque los valores de $f(x)$ se vuelven "negativamente grandes" a medida que x se acerca al número a.

Ejercicio 2: Encuentre los siguientes límites. Si no existen utilice notación apropiada para explicar por qué no existe.

a. $\displaystyle\lim_{x \to 3^-} \frac{4}{2x - 6}$

b. $\displaystyle\lim_{x \to 3^+} \frac{4}{2x - 6}$

c. $\displaystyle\lim_{x \to 3} \frac{4}{2x - 6}$

d. $\displaystyle\lim_{x \to -4} \frac{x + 4}{x^2 - 16}$

e. $\displaystyle\lim_{x \to 4} \frac{x + 4}{x^2 - 16}$

f. Grafique $\displaystyle\frac{x + 4}{x^2 - 16}$ utilizando la información sobre los límites.

Límites al Infinito

Límites al Infinito

$$\lim_{x \to \infty} f(x) = L$$

se utiliza para indicar que $f(x)$ se acerca a L conforme x se hace más y más grande.

Del mismo modo, $\lim_{x \to -\infty} f(x) = L$

significa que $f(x)$ se acerca a L conforme x se vuelve negativamente grande.

Estos límites tienen la forma $\dfrac{k}{\pm\infty} \to 0$ y son frecuentes en funciones racionales.

Observe que si el exponente n es un entero o real positivo. $n \in \mathbb{R}^+$:

- $\lim_{x \to \infty} \dfrac{1}{x^n} = 0$ $\lim_{x \to -\infty} \dfrac{1}{x^n} = 0$.

- $\lim_{x \to \infty} x^n = \infty$

- $\lim_{x \to \infty} \dfrac{x^n}{x^n} = 1$

Los límites al infinito de funciones racionales $P(x)/Q(x)$ se pueden determinar al identificar la mayor potencia en el numerador y denominador e identificar cuál es la mayor entre ellas.

Límites al Infinito para Funciones Racionales:

Para una función racional $\dfrac{a_n x^n + a_{n-1} x^{n-1} + \cdots a_1 x + a_0}{b_m x^m + b_{m-1} x^{m-1} + \cdots b_1 x + b_0}$

- Si la potencia principal del numerador es menor que la del denominador $n < m$.

$$\lim_{x \to \infty} \frac{a_n x^n + \cdots a_0}{b_m x^m + \cdots b_0} = 0$$

- Ambas potencias principales son iguales $n = m$.

$$\lim_{x \to \infty} \frac{a_n x^n + \cdots a_0}{b_m x^m + \cdots b_0} = \frac{a_n}{b_m}$$

- La potencia principal del numerador es mayor que la del denominador $n > m$.

$$\lim_{x \to \infty} \frac{a_n x^n + \cdots a_0}{b_m x^m + \cdots b_0} = \infty$$

Ejercicio 3:   Encuentre los siguientes límites (si existen).

a. $\displaystyle \lim_{x \to -\infty} \frac{3x^5}{x^7} = \lim_{x \to -\infty} \frac{3}{x^2} = 0$

b. $\displaystyle \lim_{x \to \infty} \frac{3x + 5}{x^{1/2} + 8} \underbrace{\times x^{-1/2}}_{\times x^{-1/2}} = \lim_{x \to \infty} \frac{3x^{1/2} + 5/x^{1/2}}{1 + 8/x^{1/2}} = \lim_{x \to \infty} \frac{3x^{1/2} + 0}{1 + 0} = \infty$ NO EXISTE

c. $\displaystyle \lim_{x \to \infty} \frac{x^3 + 2x}{x^2 - x + 5}$

d. $\displaystyle \lim_{x \to -\infty} \frac{(x^2 + 8)^3}{(x^2 + 2)^4}$

e. $\displaystyle \lim_{x \to \infty} \frac{50 + 24x + 100x^2 - 4x^3 + x^4}{10x^4 + 100x^3 - 10x^2 + 100x - 10}$

f. $\displaystyle \lim_{x \to \infty} x^5 - 3x^3$

Límites infinitos de los logaritmos

La función logaritmo base 10, $y = \log x$ tiene límites infinitos en $x = 0^+$ y en $x \to \infty$.

x	$\log(x)$	x	$\log(x)$
0.1	-1	100	2
10^{-10}	-10	10^{10}	10
10^{-100}	-100	$10^{1,000}$	1,000
$10^{-10,000}$	-10,000	$10^{100,000}$	100,000
	$f(x) \to -\infty$		$f(x) \to \infty$

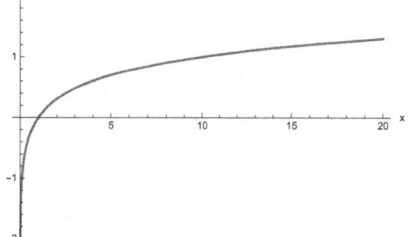

Por lo tanto
$$\lim_{x \to 0^+} \log x = -\infty$$
$$\lim_{x \to \infty} \log x = +\infty$$

El mismo comportamiento se observa para el resto de funciones logarítmicas.

$$\lim_{x \to 0^+} \log_a x = -\infty$$
$$\lim_{x \to \infty} \log_a x = +\infty$$

Ahora analice el comportamiento de

$$f(x) = \frac{1}{x^3}$$

a medida que los valores se alejan del origen.
Se utiliza la siguiente notación para describir los siguientes comportamientos.

$x \to +\infty$ Los números se vuelven arbitrariamente grandes.
$x \to -\infty$ Los números se vuelven negativamente grandes.

x	x^{-3}	x	x^{-3}
-10	-0.001	100	10^{-6}
-100	-10^{-6}	10^{10}	10^{-30}
-1,000	-10^{-9}	$10^{1,000}$	$10^{-3,000}$
	$f(x) \to 0$		$f(x) \to 0$

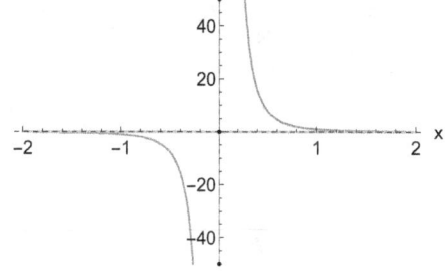

Por lo que podemos concluir que $\displaystyle\lim_{x \to -\infty} \frac{1}{x^3} = 0$ $\displaystyle\lim_{x \to +\infty} \frac{1}{x^3} = 0$.

También observe que $\displaystyle\lim_{x \to 0^-} \frac{1}{x^3} = -\infty$ $\displaystyle\lim_{x \to 0^+} \frac{1}{x^3} = +\infty$.

Límites al infinito de funciones exponenciales

Una función exponencial $f(x) = a^x$ tiene una base constante a y un exponente variable x.

Si $-x$ es un exponente negativo, entonces $a^{-x} = \dfrac{1}{a^x}$.

El dominio de $f(x) = a^x$ son todos los números reales y su rango son sólo los reales positivos.

Sea $a > 1$, por ejemplo $a = 2$, analice los límites infinitos de la función exponencial.

x	2^x	x	2^x
-5	$2^{-5} = 1/32$	10	$2^{10} = 1024$
-10	$1/1024$	100	2^{100}
-100	2^{-100}	1,000	$2^{1,000}$
	$f(x) \to 0$		$f(x) \to \infty$

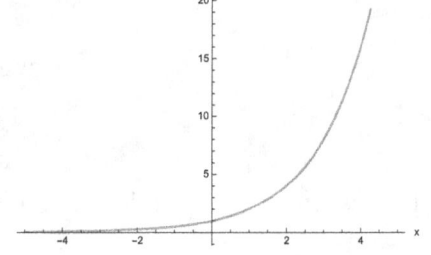

Por lo que $\qquad \lim\limits_{x \to -\infty} a^x = 0 \qquad\qquad \lim\limits_{x \to \infty} a^x = 0.$

Informalmente, $\quad a^{-\infty} = \dfrac{1}{a^\infty} \to 0 \qquad\qquad a^\infty \to \infty$

Si la base $0 < a < 1$, la función exponencial se reescribe como:

$$\left(\frac{1}{2}\right)^x = \frac{1}{2^x} = 2^{-x}$$

En este caso $\quad \lim\limits_{x \to -\infty} a^{-x} = \infty \qquad \lim\limits_{x \to \infty} a^{-x} = 0.$

En particular para la función exponencial natural $y = e^x$.

$$\lim\limits_{x \to -\infty} e^x = 0 \qquad \lim\limits_{x \to \infty} e^x = +\infty$$

3.   Asíntotas

Una asíntota es una recta a la que una curva se acerca cada vez más.

En las siguientes gráficas se puede observar que la línea punteada $x = a$ es una asíntota.

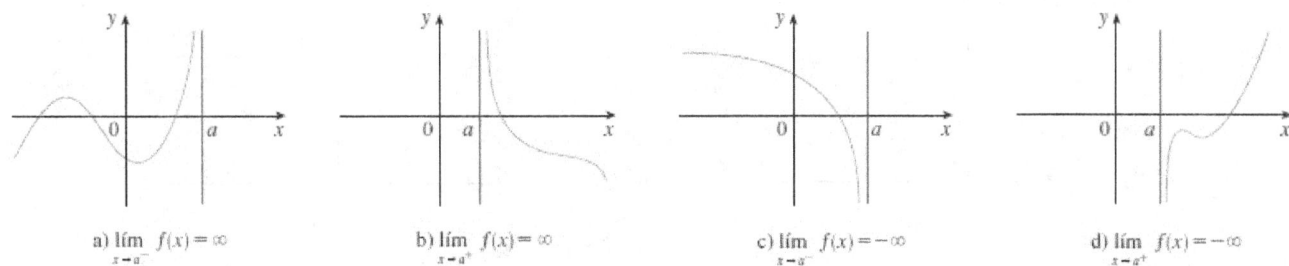

a) $\lim\limits_{x \to a^-} f(x) = \infty$ b) $\lim\limits_{x \to a^+} f(x) = \infty$ c) $\lim\limits_{x \to a^-} f(x) = -\infty$ d) $\lim\limits_{x \to a^+} f(x) = -\infty$

Una asíntota vertical se puede definir de manera más precisa haciendo uso de los límites infinitos $\lim\limits_{x \to a} f(x) = \pm\infty$.

a. Asíntotas Verticales (AVs)

Definición: La recta vertical $x = a$ es una **asíntota vertical** para la gráfica de la función $y = f(x)$ si y sólo si se cumple al menos uno de los enunciados siguientes:

- $\lim\limits_{x \to a^+} f(x) = \pm\infty$.

- $\lim\limits_{x \to a^-} f(x) = \pm\infty$.

Reglas de las asíntotas verticales para funciones racionales

Sea $f(x) = \dfrac{P(x)}{Q(x)}$

- La recta vertical $x = a$ es una asíntota vertical si $\quad Q(a) = 0, \quad$ pero $P(a) \neq 0$.

- Ahora si $P(a) = Q(a) = 0$, puede haber un agujero o una asíntota vertical en $x = a$.

Por **ejemplo**, la función $f(x) = \dfrac{x^2 - 4}{x - 2}$ de indefine en $x = 2$ pero no tiene una asíntota vertical en $x = 2$, porque el límite existe.

$$\lim_{x \to 2} \frac{x^2 - 4}{x - 2} = \lim_{x \to 2} \frac{(x - 2)(x + 2)}{x - 2} = \lim_{x \to 2} x + 2 = 4$$

la gráfica de $f(x)$ la línea recta $x + 2$ con un agujero en el punto $(2, 4)$.

b. Asíntotas Horizontales (AHs)

La gráfica de $y = f(x)$ se puede acercar a la recta horizontal $y = L$ conforme x se incrementa sin límite $(x \to \infty)$, o conforme x se reduce sin límite $x \to -\infty$ como se observa en las siguientes gráficas.

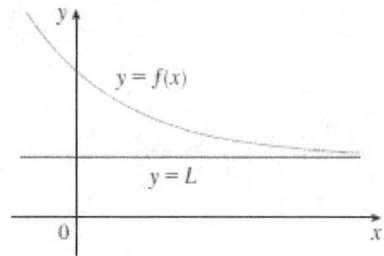 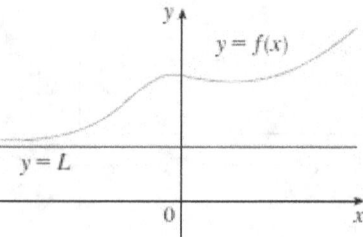

Se puede utilizar la notación de límites al infinito para definir de manera más precisa una asíntota horizontal.

> **Definición:** La recta horizontal $y = L$ es una **asíntota horizontal** para la gráfica de la función $y = f(x)$ si se satisface al menos uno de los siguientes enunciados:
>
> - $\lim\limits_{x \to \infty} f(x) = L$.
>
> - $\lim\limits_{x \to -\infty} f(x) = L$.

Observaciones sobre ambos tipos de asíntotas:

- Las asíntotas verticales corresponden a límites tipo $\dfrac{1}{0}$.

- Si hay un límite tipo $\dfrac{0}{0}$, es necesario utilizar álgebra para simplificar el límite y poder concluir si hay una asíntota vertical o un agujero.

- Las asíntotas horizontales corresponden a formas indeterminadas tipo $\dfrac{\infty}{\infty}$.

Ejercicio 1: *Encuentre las asíntotas verticales y horizontales de las siguientes gráficas, justificando su respuesta utilizando límites. Trace la gráfica.*

1. $f(x) = \dfrac{2}{x^4}$

2. $g(x) = \dfrac{9x - 2}{6x - 12}$

3. $h(x) = \dfrac{x^2 - 3x - 4}{2x^2 + 3x + 1}$

4. $r(x) = \dfrac{x^4 + 1}{1 - x^4}$

4. Continuidad (10.3)

Introducción

Muchas funciones no presentan "pausas" o saltos algunos en sus gráficas.

Compare las siguientes funciones

$$f(x) = \begin{cases} x+2 & si \quad x \leqslant 2 \\ x+1 & si \quad x > 2 \end{cases} \qquad g(x) = \begin{cases} x+2 & si \quad x \leqslant 2 \\ 6-x & si \quad x > 2 \end{cases}$$

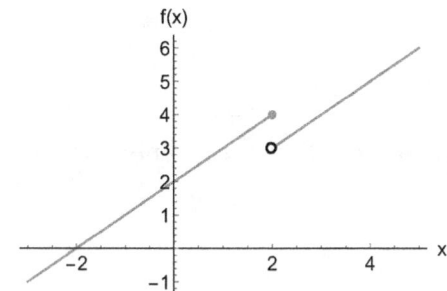

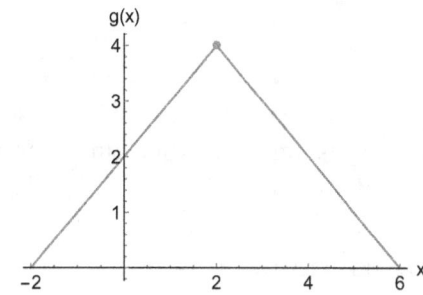

La gráfica de f tiene un salto o "pausa" en $x = 2$.

Mientras que la gráfica de g no tiene ningún salto.

Estudie el límite de ambas funciones a medida que $x \to 2$.

$$\lim_{x \to 2^-} f(x) = \lim_{x \to 2^-} x+2 = 4 \qquad \lim_{x \to 2^-} g(x) = \lim_{x \to 2^-} x+2 = 4$$

$$\lim_{x \to 2^+} f(x) = \lim_{x \to 2^+} x+1 = 3 \qquad \lim_{x \to 2^+} g(x) = \lim_{x \to 2^+} 6-x = 4$$

$$\lim_{x \to 2} f(x) = \text{NO EXISTE} \qquad \lim_{x \to 2} g(x) = 4 \quad \text{SI EXISTE}$$

Además $\lim_{x \to 2} f(x) \neq f(2)$ \qquad Además $\lim_{x \to 2} g(x) = g(2) = 4$

La función g se va a conocer como una *función continua* en $x = 2$.

La función f es una función *discontinua* en $x = 2$ al tener un salto en este punto.

Continuidad

Definición: Una función $f(x)$ es continua en $x = a$ si

$$\lim_{x \to a} f(x) = f(a)$$

Condiciones implícitas de la continuidad de f en x=a

- $f(a)$ existe.

- $\lim_{x \to a} f(x)$ existe.

- $\lim_{x \to a} f(x) = f(a)$

Si f no es continua en a, se dice que f es **discontinua en a** y a se denomina **punto de discontinuidad de f.**

Tipos de Discontinuidades

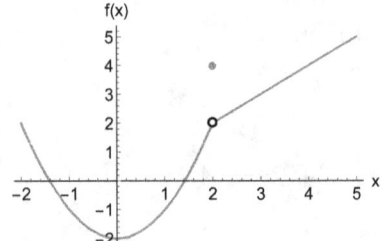

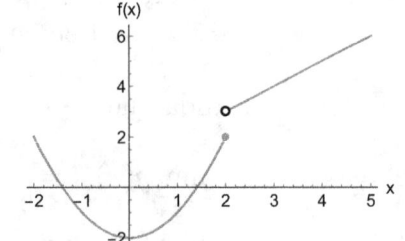

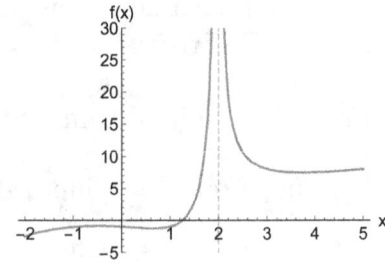

Removible
Límite y f(a) existen
pero no son iguales.

Salto
f(a) puede existir
pero el límite no existe.

Infinita
$\lim f(x) = \pm\infty$

Una función es **continua por la derecha** si $\lim_{x \to a^+} f(x) = f(a)$.

Una función es **continua por la izquierda** si $\lim_{x \to a^-} f(x) = f(a)$.

Por ejemplo, $f(x) = \sqrt{x}$ es continua por la derecha en $x = 0$, porque

$$\lim_{x \to 0^+} \sqrt{x} = 0 = f(0),$$

pero NO es continua por la izquierda en $x = 0$ ya que

$$\lim_{x \to 0^-} \sqrt{x} \quad \text{NO EXISTE.}$$

Ejercicio 1: Determine si la función dada es continua en el punto indicado.
En caso de ser discontinua clasique la discontinuidad.

a. $f(x) = \dfrac{x^2 - 9}{x - 3}$ en $x = 3$

b. $g(x) = \dfrac{|2x - 6|}{x - 3}$ en $x = 3$

c. $h(x) = \dfrac{1}{(x - 3)^4}$ en $x = 3$

d. $i(x) = \sqrt{16 - 4x}$ en $x = 3$.

e. $j(x) = \begin{cases} x + 3 & si & x < 1 \\ 9 - x^2 & si & 1 < x \leqslant 3 \\ x^3 - 27 & si & 3 \leqslant x \end{cases}$ en $x = 3$.

Continuidad de una función en un intervalo

Definición: Una función f es **continua sobre un intervalo** si es continua en cada punto de ese intervalo.

Por ejemplo, sea $f(x) = x^3$ y a cualquier número real.

Como $\lim\limits_{x \to a} x^3 = a^3 = f(a)$ para cualquier número real, entonces f es continua en $(-\infty, \infty)$.

Convención: Si una función es continua en un intervalo cerrado $[a, b]$, nos referimos a que es continua sólo por la derecha en $x = a$ y que es continua sólo por la izquierda en $x = b$.

Las siguientes funciones son continuas en sus dominios.

- Funciones Polinomiales

- Funciones Potencias o Raíces

- Funciones Racionales

- Funciones Exponenciales

- Funciones Logarítmicas

- Funciones Exponenciales

Combinación de Funciones y Continuidad

Si f y g son continuas en un intervalo, entonces las siguientes funciones también son continuas en el mismo intervalo (excepto para el cociente donde hay que excluir los x tal que $g(x) = 0$).

Suma	$f + g$	
Diferencia	$f - g$	
Producto	fg	
Multiplicación por una constante	cf	
Cociente	$\dfrac{f}{g}$	$g(x) \neq 0$

Ejercicio 2: Encuentre dónde es continua cada una de las funciones.

a. $f(x) = x^{4000} - 50x^{2000} - 104$

b. $g(x) = \dfrac{6x - 18}{x^2 - 3x}$

c. $h(x) = \begin{cases} \sqrt{x} & si \quad x \leqslant 4 \\ x^3 - 15x - 2 & si \quad x > 4 \end{cases}$

d. $i(x) = \sqrt{x + 1} + \dfrac{x + 4}{x - 4}$

Continuidad y Composición de Funciones

Si dos funciones f y g son continuas, la composición $f \circ g$ es continua en su dominio.

Para encontrar el límite de la composición de funciones $f \circ g$ en $x = a$, se evalúa primero el límite b de la función interna g en $x = a$ y luego la función externa f se evalúa en b.

$$\lim_{x \to a} f\left(g(x) \right) = f\left(\lim_{x \to a} g(x) \right)$$
$$\lim_{x \to a} g(x) = b$$
$$\lim_{x \to a} f\left(g(x) \right) = f(b)$$

Ejercicio 3: Evalúe $\displaystyle \lim_{x \to 2} \sqrt{\frac{x^2 - 4}{x - 2}},$ *note que la función se indefine en* $x = 2$.

Ejercicio 4: Encuentre el valor de c que hacen a la función f continua en $(-\infty, \infty)$.

$$f(x) = \begin{cases} cx^2 + x + 2 & si \quad x < 1 \\ x^3 - cx + \sqrt{x - 1} & si \quad x \leqslant 1 \end{cases}$$

34

5. Continuidad aplicada a Desigualdades   (10.4)

La noción de continuidad puede utilizarse para resolver una desigualdad $f(x) < 0$.

Las intersecciones x de la gráfica de una función f son las raíces
de la ecuación $f(x) = 0$.

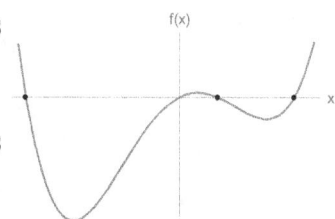

Las función f tiene tres raíces, las cuales separan cuatro intervalos
abiertos sobre el eje x.

Observe que ó $f(x) > 0$ ó $f(x) < 0$ entre cada uno de estos intervalos porque entre cada
cada uno de estos intervalos no hay más raíces.

Como f es continua entonces $f(x) > 0$ en $(-\infty, a) \cup (b, c)$ y $f(x) < 0$ en $(a, b) \cup (c, \infty)$.

Desigualdades para Funciones Polinomiales

Resuelva la desigualdad	$g(x) = x^2 - 6x + 8 > 0$
Factorice	$g(x) = (x-2)(x-4)$
Encuentre sus ceros	$x = 2, 4$

Como g es un polinomio, es continuo en $(-\infty, \infty)$. Para determinar el signo de $g(x)$ en cada
intervalo es suficiente determinarlo en un parte de éste.

$$g(1) = (-1)(-3) = +3 > 0 \qquad \rightarrow \qquad g(x) > 0 \quad \text{en } (-\infty, 1)$$
$$g(3) = (+1)(-1) = -1 < 0 \qquad \rightarrow \qquad g(x) < 0 \quad \text{en } (1, 4)$$
$$g(5) = (+3)(+1) = +3 > 0 \qquad \rightarrow \qquad g(x) > 0 \quad \text{en } (4, \infty)$$

La solución de la desigualdad $x^2 - 6x + 8 = (x-2)(x-4) > 0$ es $(-\infty, 1) \cup (4, \infty)$.

El anterior análisis se puede sintetizar por medio del siguiente diagrama de signos.

- En la fila superior de la tabla se colocan los ceros de $f(x)$.

- Debajo de la fila superior, se coloca cada factor de f y su signo dentro de cada intervalo.

- Se coloca un cero donde cada término tiene un cero.

		2		4	
$x + 2$	-	^{o}	+		+
$x + 4$	-		-	^{o}	+
$g(x)$	+	^{o}	-	^{o}	+

En el renglón inferior se multiplican los signos en cada columna para encontrar los signos de
f en cada intervalo.

$f(x) > 0$	en	$(-\infty, 2) \cup (4, \infty)$
$f(x) < 0$	en	$(2, 4)$

Ejercicio 1: Resuelva las siguientes desigualdades.

a. $x^3 - 4x^2 - 5x < 0$

b. $x^4 - 81 > 0$

c. $x^6 - 13x^4 + 36x^2 \leqslant 0$

Resolución de desigualdades para funciones racionales

Los diagramas de signos no se limitan sólo a la resolución de desigualdades polinomiales, también de pueden resolver desigualdades con funciones racionales. Se utiliza la convención de una línea vertical gruesa para señalar los números aislados que no forman parte del dominio de la función.

Por ejemplo, resuelva $g(t) = \dfrac{t-1}{t-2} \leqslant 0$.

El cero de la función es $t = 1$ y la función se indefine en $t = 2$.

El diagrama de signos es el siguiente:

$$
\begin{array}{c|ccccc}
 & & 1 & & 2 & \\
\hline
(t-1) & - & {}^{o} & + & | & + \\
\hline
(t-2)^{-1} & - & & - & | & + \\
\hline
g(t) & + & {}^{o} & - & | & + \\
\end{array}
$$

Por lo que $g(t) \leqslant 0$ en $(1,2]$.

Ejercicio 2: Sea $j(x) = \dfrac{x^2 - x + 6}{x^2 + 4x - 5}$.

a. Encuentre los interceptos con los ejes.

b. Utilice un diagrama de signos para encontrar donde $f(x)$ es positiva o negativa.

c. Analice los límites donde $j(x)$ se indefine.

d. Encuentre $\lim\limits_{x \to \infty} j(x)$ y $\lim\limits_{x \to \infty} j(x)$.

e. Use la información anterior para graficar $j(x)$.

f. Explique si la función es uno a uno, par, impar, o ninguna.

6.   La Derivada   (11.1)

Rectas Secante y Tangente

Una **recta secante** es una línea que interseca a una curva en dos o más puntos.

La pendiente de la recta secante que pasa por los puntos P $(a, f(a))$ y Q $(x, f(x))$ es:

$$m_{PQ} = \frac{f(x) - f(a)}{x - a}$$

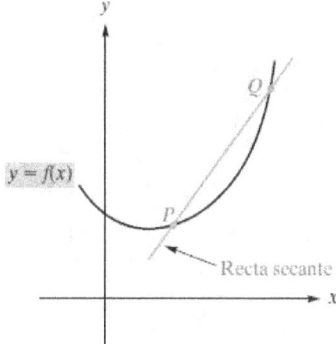

A medida que el punto Q $(x, f(x))$ se acerca al punto P $(a, f(a))$, la recta secante se vuelve una recta tangente en el límite cuando x tiende a a $(x \to a)$.

Definición: La *recta tangente* a la curva $y = f(x)$ en el punto P $(a, f(a))$ es la recta que pasa por el punto P con pendiente.

$$m_{\tan} = \lim_{x \to a} \frac{f(x) - f(a)}{x - a} \qquad \text{si el límite existe}$$

Sea $h = x - a$ (la diferencia entre x y a), entonces $x = a + h$.
La pendiente de la recta tangente también se puede calcular como:

$$m_{\tan} = \lim_{h \to 0} \frac{f(a + h) - f(a)}{h} \qquad \text{si el límite existe}$$

Ejercicio 1: Encuentre la pendiente de la recta tangente a la curva $y = f(x) = x^3$ en el punto (1,1).

a. Utilizando una de tabla con pendientes de rectas secantes y con h más cercana a 0.

b. Utilizando la definición de límite para la pendiente de la recta tangente.

c. Encuentre la ecuación de la recta tangente en el punto $(1, 1)$

El proceso de encontrar la derivada de f se llama **diferenciación.**

Definición: La derivada de una función f es la función denotada como f' (f prima) y definida por:

$$f'(x) = \lim_{h \to 0} \frac{f(x+h) - f(x)}{h} = \lim_{z \to x} \frac{f(z) - f(x)}{z - x} \qquad \text{si el límite existe}$$

La función f es derivable en a siempre que $f'(a)$ exista.

La derivada de f en $x = a$ se denota como $f'(a)$.

Observación: El *cociente de diferencias*, denotado como $\dfrac{\Delta y}{\Delta x}$, es

$$\frac{\Delta y}{\Delta x} = \frac{f(x+h) - f(x)}{h} = \frac{f(z) - f(x)}{z - x}$$

Por lo que $f'(x)$ es el límite del cociente de diferencias cuando $\Delta x \to 0$.

Ejercicio 2: Si $g(x) = \dfrac{6}{x}$, encuentre $g'(x)$ utilizando la definición de derivada.

Formas comúnmente utilizadas para denotar la derivada de $y = f(x)$ en x

$$\frac{dy}{dx}$$

$$\frac{d}{dx}[\, f(x)\,]$$

$$D_x y$$

$$D_x[f(x)]$$

Ecuación de una recta tangente

La derivada proporciona la pendiente de la recta tangente, por lo que $f'(a)$ es la pendiente de la recta tangente para la curva $y = f(x)$ en $(a, f(a))$.

La forma punto-pendiente de la recta tangente en $x = a$ es

$$y = f(a) + f'(a)(x - a)$$

Otras dos notaciones para la derivada de $y = f(x)$ en $x = a$ son:

$$\left.\frac{dy}{dx}\right|_{x=a} \qquad y'(a)$$

Ejercicio 3: Encuentre la ecuación de la recta tangente a la gráfica de la función $H(x) = \sqrt{2x - 2}$ en $(3, 2)$.

Relación entre Continuidad y Diferenciabilidad

Definición: Una función $f(x)$ es derivable en x=a (o derivable) si $f'(a)$ existe.

Una función que es derivable en $x = a$ también es continua en a.

PERO, una función que es continua en $x = a$ NO ES necesariamente diferenciable en $x = a$ como se observará en los siguientes dos ejemplos:

Recta Tangente Vertical

La función $H(x) = \sqrt{2x - 2}$ es continua para $x \geq -1$.

PERO su derivada $H'(x) = \dfrac{1}{\sqrt{2x - 2}}$ sólo está definida para $x > 1$.

Como $H'(1)$ no existe, entonces $H(x)$ no es derivable en $x = -1$.

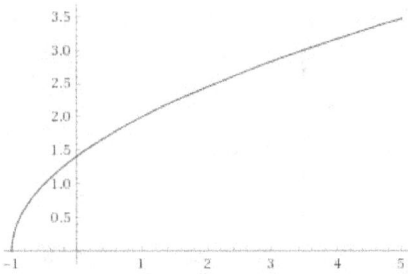

Esquinas, Picos o Cambios Abruptos

Considere la función valor absoluto: $|x| = \begin{cases} -x & x < 0 \\ x & x \geq 0 \end{cases}$.

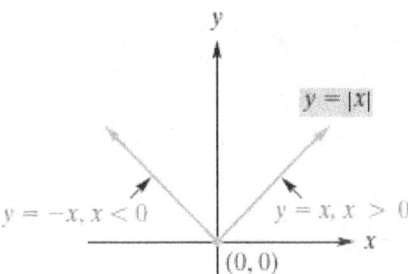

Esta función es continua en todo su dominio, pero no es derivable en $x = 0$ como se verá a continuación.

La pendiente de la recta tangente a la derecha de cero es:

$$m_{\tan} = f'(0) = \lim_{h \to 0^+} \frac{|0 + h| - |0|}{h} = \lim_{h \to 0^+} \frac{h}{h} = 1$$

44

La pendiente de la recta tangente a la izquierda de cero es:

$$m_{\tan} = f'(0) = \lim_{h \to 0^+} \frac{|0 + h| - |0|}{h} = \lim_{h \to 0^+} -\frac{h}{h} = -1$$

Como los límites laterales son diferentes, el límite no existe, y la función valor absoluto no es derivable en este punto.

La gráfica de esta función tiene un cambio brusco o pico en el punto $(0,0)$.

¿Cuándo una función $f(x)$ no es derivable en $x = a$?

- Caso a: $f(x)$ tiene un pico o esquina en $x = a$.

- Caso b: $f(x)$ es discontinua en $x = a$ (saltos o asíntotas verticales).

- Caso c: $f(x)$ tiene una recta tangente vertical en $x = a$.

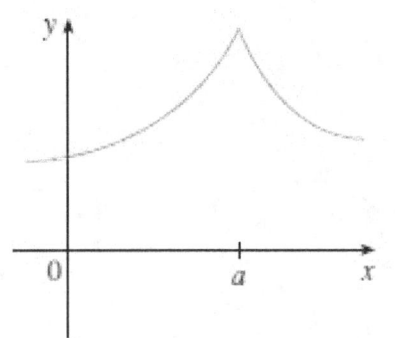
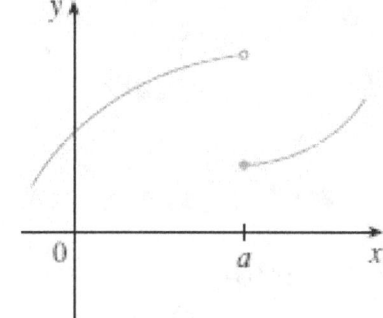
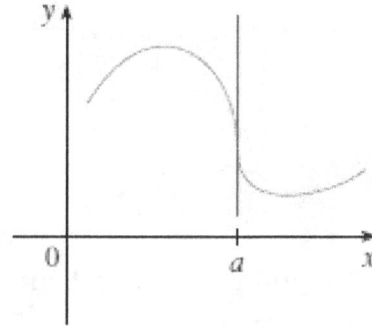

a) Una esquina o pico

b) Una discontinuidad

c) Una tangente vertical

7.   Reglas para la Diferenciación   (11.2)

Las reglas de derivación para polinomios se deducen utilizando la definición de la derivada y las leyes de límites.

Función Constante: $f(x) = c$

$$f'(x) = \lim_{h \to 0} \frac{f(x+h) - f(x)}{h} = \lim_{h \to 0} \frac{c - c}{h} = \lim_{h \to 0} \frac{0}{h} = 0$$

Función Lineal: $f(x) = x$

$$f'(x) = \lim_{h \to 0} \frac{f(x+h) - f(x)}{h} = \lim_{h \to 0} \frac{x + h - x}{h} = \lim_{h \to 0} \frac{h}{h} = 1$$

Función Cuadrática: $f(x) = x^2$

$$f'(x) = \lim_{h \to 0} \frac{(x+h)^2 - x^2}{h} = \lim_{h \to 0} \frac{x^2 + 2xh + h^2 - x^2}{h} = \lim_{h \to 0} 2x + h = 2x$$

Observe que la derivada es un polinomio de un grado menor multiplicado por la potencia anterior. Si continuamos.

$$\frac{d}{dx} x^3 = 3x^2, \qquad\qquad \frac{d}{dx} x^4 = 4x^3, \qquad\qquad \cdots$$

La Regla de la potencia, se utiliza para encontrar la derivada de cualquier polinomio o función potencia, los cuales tienen un exponente constante real.

Regla de la Potencia: si r es una constante real

$$\frac{d}{dx} x^r = r x^{r-1}$$

Ejercicio 1: Derive las siguientes funciones

a. $\dfrac{d}{dx}(5,008)$

b. $\dfrac{d}{dx}(\log 37)$

c. $\dfrac{d}{dx}(x^{20})$

d. $\dfrac{d}{dx}(x^{-9})$

e. $\dfrac{d}{dx}(x^{\sqrt{5}})$

Ejercicio 2: Reescriba las siguientes funciones y luego encuentre sus derivadas.

a. $f(x) = \dfrac{1}{x^7}$

b. $g(x) = \sqrt[4]{x^3}$

c. $h(x) = \dfrac{x^5}{\sqrt{x^7}}$

Reglas Combinadas

Sea c una constante y $f(x)$, $g(x)$ funciones con derivadas $f'(x)$ y $g'(x)$ respectivamente.

---

1. Regla del Factor Constante

$$\frac{d}{dx}[cf(x)] = cf'(x)$$

2. Regla de la Suma

$$\frac{d}{dx}[f(x) + g(x)] = f'(x) + g'(x)$$

3. Regla de la Diferencia

$$\frac{d}{dx}[f(x) - g(x)] = f'(x) - g'(x)$$

Ejercicio 3: Diferencie las siguientes funciones:

- $a(x) = \sqrt[4]{\pi} + 8^{\log_2 8}$

- $b(x) = \dfrac{1}{30}x^{10} + 5x^7 - 2x^{1.5}$

- $c(x) = \sqrt[7]{x^5} - \dfrac{3}{x^{11}}$

A veces hay que simplificar la función antes de usar las reglas de derivación.

- $d(x) = (x+1)(x^3 + 2x^2)$

- $e(x) = \dfrac{x^4 + 2x^{3/2} + 6x - 8}{2x^2}$

- $f(x) = (4x)^3$

- $g(x) = (x-2)(x^2 + 2x + 4)$

Estrategia para determinar la ecuación de la recta tangente en x=a

1. Encuentre la derivada de la función $y'(x)$.

2. Evalúe la derivada en $x = a$ $f'(a) = y'(a)$.

3. Si es necesario determine el valor de la coordenada en y $y(a) = f(a)$.

4. La ecuación (forma punto-pendiente) de la recta tangente es: $y = f(a) + f'(a)(x-a)$.

Ejercicio 4: ¿Cuál es la ecuación de la recta tangente a $f(x) = x^4(2x^6 - 3x^2 + 2)$ en $x = 1$?

48

Recta Tangente Horizontal

Una recta horizontal $y = b$ tiene una pendiente igual a cero, $\quad m = 0$.

La curva de la función $y = f(x)$ tiene una recta tangente horizontal en $x = a$ si $f'(a) = 0$.

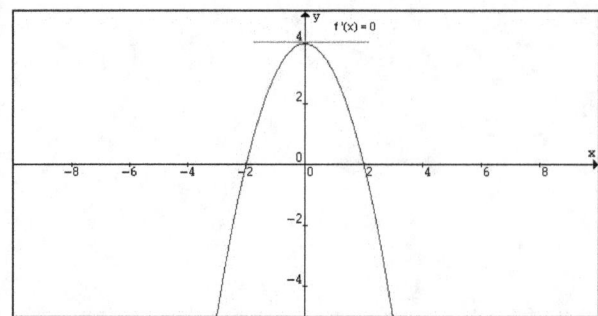

Tangente Horizontal a $y = f(x) = 4 - x^2$ en el punto $(0, 4)$.

Ejercicio 5: Encuentre todos los puntos sobre la curva $y = \dfrac{5}{3}x^3 - x^5$ en los que la recta tangente es horizontal.

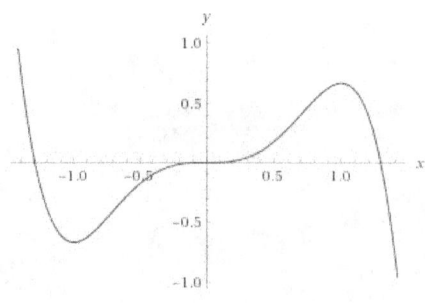

Ilustración Ejercicio 5

8. La derivada como una razón de cambio (11.3)

Ya conocemos que la derivada en $x = a$ se puede interpretar como la pendiente de la recta tangente sobre un punto de la curva. La derivada también tiene interpretaciones adicionales como veremos a continuación.

Tasa Promedio de Cambio

La tasa promedio de cambio es la razón entre el cambio en y, denotado como Δy, y el cambio en x, denotado como Δx. Dados dos puntos $(x, f(x))$ y $(a, f(a))$.

$$\text{Tasa Promedio de Cambio} \qquad \frac{\Delta y}{\Delta x} = \frac{f(x) - f(a)}{x - a}$$

A medida que x se acerca a a, la diferencia en x tiende a cero ($\Delta x \to 0$), y en el límite se obtiene la tasa instántanea de cambio, la cual es la pendiente de la recta tangente en $x = a$.

$$\text{Tasa Instántanea de Cambio} \qquad \frac{dy}{dx} = \lim_{\Delta x \to 0} \frac{\Delta y}{\Delta x}$$

Por lo tanto la derivada $y'(x)$ también se puede interpretar como la razón instantánea de cambio de y respecto a x.

La **tasa o razón instántanea de cambio** también se conoce como la **razón de cambio**.

Diferencia en y y Razón de cambio $y'(x)$

La diferencia en y se calcula como $\Delta y = f(x) - f(a)$.

En algunos casos es necesario estimar el valor de la diferencia, Δy, por lo que su valor se puede aproximar y simplificar si la diferencia en x es relativamente pequeña.

$$\frac{\Delta y}{\Delta x} \approx \frac{dy}{dx} = f'(x)$$
$$\Delta y \approx f'(x)\Delta x$$

Si conocemos el valor de la pendiente en x, la diferencia o cambio en y, Δy, es aproximadamente la derivada $f'(x)$ por el cambio en x, Δx.

Relación entre marginalidad y la derivada

El cambio marginal es la diferencia en y cuando x cambia en una unidad adicional.

$$\text{Cambio Marginal} \qquad\qquad \Delta y = f(x+1) - f(x)$$

En este caso $\Delta x = 1$, y el cambio marginal es aproximadamente igual a la derivada $f'(x)$.

$$\boxed{\text{Cambio Marginal} \qquad\qquad \Delta y \approx f'(x)}$$

Ejercicio 1: Considere la siguiente función $u(t) = t^2 - 8t$, la variable dependiente es la utilidad u (en miles de dólares) y la independiente es el tiempo t (en meses).

a) Encuentre la razón promedio de cambio de la utilidad entre $t = 3$ y $t = 5$.

b) Encuentre la razón instantánea de cambio de u en $t = 3$ y $t = 5$.
   Interprete cada resultado.

c) Durante cuál(es) mes(es) es la razón de cambio igual a cero?

Ejercicio 2: Los sociólogos han estudiado la relación entre el ingreso I y el número de años de educación a partir de primaria t en grupo social en particular.

Encontraron que una persona puede esperar recibir el siguiente ingreso anual medio

$I(t) = 5t^{5/2} + 5,900.$ $4 \leq t \leq 16$.

a) Encuentre la razón de cambio del ingreso con respecto al número de años de educación.

b) Encuentre la razón de cambio a los 9 años de educación (finalizando 3ro básico).

Aplicaciones de la razón de cambio a la economía

Sea q la cantidad de unidades producidas (también se puede medir como una masa (libras o kilogramos) o un volumen (litros, galones).

Las funciones de costo, ingreso, demanda y utilidad dependen del nivel de producción q.

Costo	$C(q)$
Precio	$p(q)$
Ingreso	$I(q) = p\,q$
Utilidad	$U(q) = I - C$

El **costo marginal** es el incremento en el costo al producir 1 unidad adicional.
Se puede calcular como un incremento en y, pero también se puede definir como la derivada del costo C respecto a la cantidad q.

$$\text{Costo Marginal:} \qquad CM = C'(q)$$

Del mismo modo,

$$\text{Ingreso Marginal:} \qquad IM = I'(q)$$

$$\text{Utilidad Marginal:} \qquad UM = U'(q) \;=\; IM - CM$$

Valores Promedios

Si C es el costo total de producir q unidades de un producto, el costo promedio, denotado por $\bar{C}$ es el costo total dividido por el nivel de producción q. El ingreso y utilidad promedio se definen de manera similar.

$$\text{Costo Promedio:} \qquad \bar{C} = \frac{C}{q}$$

$$\text{Ingreso Promedio:} \qquad \bar{I} = \frac{I}{q}$$

$$\text{Utilidad Promedio:} \qquad \bar{U} = \frac{U}{q} \;=\; \bar{I} - \bar{C}$$

Si conocemos el costo promedio $\bar{C}$, podemos obtener el costo total $C = \bar{C}q$.

Ejercicio 4: La ecuación de costo promedio de un fabricante de acero es

$$\bar{C} = 0.3q^2 - 0.2q + 50 + \frac{1,000,000}{q},$$

donde q está dado en toneladas métricas y las unidades del costo promedio son $\$/ton$.

a.) Encuentre el costo total.

b.) Encuentre la función de costo marginal.

c.) Encuentre el costo marginal cuando se producen 50 toneladas. Interprete el resultado.

d.) El precio de venta de una tonelada de acero (steel wire) es de $790 por tonelada métrica. ¿Le conviene a la fábrica producir 51 toneladas de acero? Asuma que la fábrica es tomadora de precios.

9. Regla del Producto y Regla del Cociente (11.4)

Encuentre la derivada de $F(x) = (x^4 + x^2)(5x^5 + 20)$

Por el momento, sólo podemos simplificar la expresión y después utilizar la regla de la potencia para cada término.

$$F(x) = 5x^9 + 20x^4 + 5x^7 + 20x^2$$
$$F'(x) = 45x^8 + 80x^3 + 35x^6 + 40x$$

En muchos problemas la multiplicación es extensa como en $(x^3 + x^2 + x)(x^4 - x^3 - x^2)$ ó en $(x + 1)^{10}(x - 5)^9$, o no es posible simplificar la función como en $x^2 e^x$, $x^3 \ln x$.

La regla del Producto

> Si f y g son funciones diferenciables, entonces el producto fg es diferenciable y
>
> $$\frac{d}{dx}\Big(f(x)g(x) \Big) = f'(x)g(x) + f(x)g'(x)$$

Se puede escribir de manera más abreviada como

$$(fg)' = f'g + fg'$$

Ejercicio 1: Derive las siguientes funciones.

a). $F(x) = (x^4 + x^2)(5x^5 + 20)$

b). $G(x) = (\sqrt{x} + 5x - 2)(\sqrt[3]{x} - 3\sqrt{x})$

Diferenciación de un Producto de tres Funciones

Encuentre la derivada de $y = fgh = (fg)\,h$.

En este caso se pueden combinar f y g como una sola función (fg) y se utiliza la regla del producto 2 veces.

$$\text{Primera regla del producto} \qquad y' = (fg)'h + fgh'$$
$$\text{Segunda regla del producto} \qquad y' = f'gh + fg'h + fgh'$$

$$(fgh)' = f'gh + fg'h + fgh'$$

Para un producto de dos o más funciones, derive cada función una a una y multiplíquela por el resto de funciones, sume y continue derivando la siguiente función.

Ejercicio 2: Derive $h(x) = (x^2 - 1)(x^2 - 2)(x^2 - 3)$

Advertencia: La regla del producto no es necesario usarla si el producto de funciones se puede simplificar en una función más sencilla.

Ejercicio 3: Diferenciación sin usar la regla del producto

- $a(x) = 1000x(x^2 - 3)$

- $b(x) = x^{-4}x^{1012}$

- $c(x) = (x - k)(x - k)$

  k es una constante

- $d(x) = (x + 2)(x^2 - 2x + 4)$

Si no se simplifica $d(x)$, la derivación es más complicada utilizando la regla del producto.

$$d'(x) = (x^2 - 2x + 4) + (x + 2)(2x - 2) = x^2 - 2x + 4 + 2x^2 + 2x - 4 = 3x^2$$

Ejercicio 4: La función de demanda de un bien es $p(q) = (3 - q)(4 - q^2)$, donde q está dado en toneladas. Encuentre el ingreso marginal de un monopolio, el cual puede fijar el precio, cuando $x = 1$. Interprete el resultado.

Regla del Cociente

Si f y g son funciones diferenciables y $g(x) \neq 0$,   entonces el cociente de funciones f/g también es diferenciable y

$$\frac{d}{dx}\left(\frac{f(x)}{g(x)}\right) = \frac{f'(x)g(x) - f(x)g'(x)}{g^2(x)}$$

La Regla del Cociente se puede escribir de manera más abreviada como

$$\frac{d}{dx}\left(\frac{f}{g}\right) = \frac{f'g - fg'}{g^2} \qquad \frac{Der.Arriba \times Abajo - Arriba \times Der.Abajo}{(Abajo)^2}$$

Advertencia: Esta regla es más complicada que la regla del producto, además es NECESARIO recordar donde va el signo menos.

Ejercicio 5:   Derive las siguientes funciones.

- $a(x) = \dfrac{9 - x^2}{9 + x^2}$ Simplifique $a'(x)$.

- $b(x) = \dfrac{x^{-1} + k^{-1}}{x^{-1} - k^{-1}}$ k es una constante, simplifique $b'(x)$

Aunque la función tenga la forma de un cociente de funciones, no siempre es necesario utilizar la regla del cociente. Es preferible simplificar la expresión antes de derivar.

Ejercicio 6: *Derivadas de funciones sin usar la regla del cociente*

a). $f(x) = \dfrac{2x^5}{3,000}$

Si se usa la regla del cociente se obtiene la misma derivada con más complicación.

$$a'(x) = \frac{10x^4 \cdot 3,000 \ - \ 0 \cdot 2x^5}{(3,000)^2} = \frac{10 \cdot 3,000}{(3,000)^2}x^4 = \frac{x^4}{300}$$

b). $g(x) = \dfrac{20}{\sqrt[5]{x}}$

c). $h(x) = \dfrac{6\sqrt[3]{x^7} \ - \ \sqrt[6]{x^4} \ + \ 2\sqrt[3]{x^{-2}}}{\sqrt[5]{x}}$

Ejercicio 7: *Combinación Regla del Producto y del Cociente.*
Derive la siguiente función, no simplifique la derivada

$$s(t) = \frac{(t^5 + t)(t^2 + t + 1)}{(t^3 - 1)}$$

Aplicación: Propensión Marginal al Consumo y al Ahorro

La siguiente función $C = f(I)$ proporciona la relación entre el ingreso total I y el consumo o gasto total C de un país, hogar u otra entidad.

Generalmente el consumo aumenta a medida que aumentan los ingresos.

El **Ahorro** (S) es la diferencia entre el ingreso I y el consumo C.

$$S = I - C$$

La propensión marginal al consumo es la razón de cambio del consumo respecto al ingreso, se utiliza para determinar el *consumo adicional si el ingreso aumenta en una unidad.*

Propensión Marginal al Consumo	$\dfrac{dC}{dI} = f'(I)$
Propensión Marginal al Ahorro	$\dfrac{dS}{dI} = 1 - \dfrac{dC}{dI}$

Ejercicio 8: La función de consumo de un hogar representativo de una ciudad es $C = 3 + 2\sqrt{I} + 3\sqrt[3]{I}$, donde el ingreso está dado en miles de dólares. Encuentre la propensión marginal al consumo y al ahorro cuando $I = 64$.
Intreprete los resultados.

10. Regla de la Cadena (11.5)

Para encontrar la derivada de $F(x) = (x^3 + 1)^2$ es necesario simplificar antes de derivar.

Expanda	$F(x) = x^6 + 2x^3 + 1$
Derive	$F'(x) = 6x^5 + 6x^2$
Factorice	$F'(x) = 6x^2(x^3 + 1)$

Note que $F(x)$ es una composición de funciones $y = f \circ g = f[g(x)]$ donde $f(x) = x^2$ y $g(x) = x^3 + 1$.

La derivada $y'(x)$ es el producto de la derivada de las dos funciones que conforman la composición $f'[g(x)] = 2(x^3 + 1)$ y $g'(x) = 3x^2$.

$$y'(x) = f'(g)\, g'(x) = 2(x^3 + 1)3x^2$$

Las derivadas de funciones con expansiones largas como $(x^4 + x + 4)^{20}$, funciones que no se pueden expandir como $(x^4 + xe^x)^{5/2}$ y funciones compuestas por varias funciones como $(\sqrt{x^4 + 1} + 5x^2)^6$ se pueden encontrar calculando las derivadas de las funciones que componen la función principal.

Regla de la Cadena

Si g es derivable en x y f es derivable en $g(x)$ entonces la función compuesta $F = f \circ g$ es derivable en x y F' está dada por: (el producto de la derivada de la función externa y de la derivada de la función interna)

$$F'(x) = f'[g(x)]\, g'(x)$$

Forma Alternativa Regla de la Cadena

Sea $y = f(u)$ & $u = g(x)$ entonces $y = f[\,g(x)\,]$.

Encuentre primero la derivada de y respecto a u, luego la derivada de u respecto a x.

$$\frac{dy}{dx} = \frac{dy}{du}\frac{du}{dx}$$

$$y \underset{derive}{\overset{\rightarrow}{}} u \underset{derive}{\overset{\rightarrow}{}} x$$

Ejercicio 1:   Derive las siguientes funciones

a). $y(x) = [x^3 + 1]^2$

b). $y(u) = \sqrt{u^3}$ $u = 7x - x^3$.   Encuentre $\dfrac{dy}{dx}$.

c). $F(x) = [x^5 - 10x^4 + 10x^3 - 5x + 1,000]^{2,003}$

$$\boxed{\begin{array}{c} \textbf{Regla de la Potencia:} \\[6pt] \dfrac{d}{dx}\left([f(x)]^a \right) = a[f(x)]^{a-1} \cdot \dfrac{df}{dx} \end{array}}$$

Es un caso especial de la regla de la cadena si la función externa es una función potencia $[\ \ ]^a$.

Ejercicio 2:   Derive las siguientes funciones

a). $h(t) = \left(t^2 + \dfrac{1}{t^2} \right)^2$

b). $p(q) = \sqrt[4]{(3q^3 + 2q + q^{-1})^5}$

Composición de dos o más funciones

Derive $y = f(\,g[h(x)]\,) = f \circ g \circ h$.

La derivada $y'(x)$ es el producto de las derivadas de las tres funciones que conforman la composición.

$$y'(x) = f'(\,g[h(x)]\,)\,g'[h(x)]\,h'(x)$$

Se obtiene la misma función si $\;y = f(u)\;\;\;u = g(w)\;\;\;w = h(x)$. Hay dos variables intermedias antes de la variable x, la regla de la cadena se puede visualizar también como:

$$\frac{dy}{dx} = \frac{dy}{du}\,\frac{du}{dw}\,\frac{dw}{dx}$$

$$y \underbrace{\to}_{derive} u \underbrace{\to}_{derive} w \underbrace{\to}_{derive} x$$

Ejercicio 3:   Derive las siguientes funciones

a). $y(x) = \sqrt{(2x^2 + 1)^4 - 10x}$

b). Encuentre $\dfrac{dy}{dt}$ si $y = u^2 + 4,\;\;\; u = \sqrt[3]{w} + \sqrt{w^7},\;\;\; w = \dfrac{t}{t+1}$

La regla de la Cadena se puede combinar con las otras reglas de derivación, en especial con la regla del producto y del cociente.

Ejercicio 3:   Regla de la cadena combinada con otras reglas

a). $\dfrac{d}{dx}\left[(8-x^3)^7\,(3x^2+x)^{51} \right]$

b). Derive $z = \left(\dfrac{3s^2+1}{4s-4} \right)^5$

c). $y = \dfrac{1}{x^8 + 4x^4 - 10}$

Aplicación: Producto de Ingreso Marginal

Sea m el número de trabajadores
$\quad q$ el número de unidades producidas.

La función de demanda $p(q)$ sigue siendo proporcionada, pero también se considera una relación entre el número de trabajadores y el nivel de producción, por lo que $q(m)$.

En este caso el Ingreso es: $I = p(q)q(m)$, por lo que el ingreso depende del número de trabajadores.

Derive I respecto a m para encontrar el producto del ingreso marginal.

$$\frac{dI}{dm} = \frac{dI}{dq}\,\frac{dq}{dm}$$
$$I \underbrace{\to}_{derive} q \underbrace{\to}_{derive} m$$

Interpretación del Producto del Ingreso Marginal

El producto del ingreso marginal es la razón de cambio del ingreso respecto al número de trabajadores, por lo que el producto del ingreso marginal permite estimar un cambio en el ingreso si se emplea un trabajador adicional.

Ejercicio 5: La ecuación de demanda de un producto es de $p = \dfrac{100}{q^{1/2}}$. Un empresario que emplea m trabajadores encuentra que ellos producen $q = 3m(2m+1)^{3/2}$ unidades.

a). Encuentre la función de ingreso en términos de q y de m.

b). Encuentre el producto del ingreso marginal cuando hay $m = 4$ trabajadores.

c). Interprete el resultado obtenido utilizando las unidades correctas.

11.   Derivadas de Funciones Logarítmicas   (12.1)

Las derivadas de las funciones logarítmicas $y = \log_b x$ y las funciones exponenciales b^x no se pueden encontrar por medio de las reglas de derivación anteriormente vistas.

Utilizando la definición de derivada, propiedades de logaritmos y la definición del número e.

$$\lim_{h \to 0}(1 + h)^{1/h} = e \approx 2.7182818$$

Derivada de $\ln x$ $\qquad\qquad \dfrac{d}{dx}\left(\ln x \right) = \dfrac{1}{x} \qquad\qquad$ para $x > 0$

Encuentre la derivada de $f(x) = \ln |x|$.

Utilizando la definición de valor absoluto $\ln |x| = \begin{cases} \ln(-x) & x < 0 \\ \ln(+x) & x > 0 \end{cases}$.

Derivando $\dfrac{d}{dx}(\ln(-x)) = \dfrac{-1}{-x} = \dfrac{1}{x}$, además $\dfrac{d}{dx}(\ln(x)) = \dfrac{1}{x}$.

Por lo que $\qquad\qquad \dfrac{d}{dx}\left(\ln |x| \right) = \dfrac{1}{x} \qquad\qquad$ para $x \neq 0$

Ejercicio 1:   Diferencie las siguientes funciones

a). $f(x) = x^8 \ln x$

b). $g(y) = \dfrac{\ln y}{y^2}$ Simplifique su respuesta.

c). $h(z) = \ln e + \log_{10} 10 + \log_2 2$

68

Regla de la Cadena para Funciones Logarítmicas

Encuentre la derivada de $y = \ln[\, u(x)\,]$, donde $u(x)$ es una función derivable.

Usando la regla de la cadena $\dfrac{dy}{dx} = \dfrac{dy}{du}\dfrac{du}{dx} = \dfrac{u'(x)}{u(x)}$.

La derivada de una función logarítmica es la derivada $u'(x)$ divido por $u(x)$.

$$\frac{d}{dx}\left(\ln u(x)\right) = \frac{u'(x)}{u(x)} \qquad\qquad \frac{d}{dx}\left(\ln |u(x)|\right) = \frac{u'(x)}{u(x)}$$

Ejercicio 2:   Derive las siguientes funciones

a). $w(x) = \ln(5x^4 + 10x^2 + 20)$

b). $x(y) = \ln\left(\dfrac{y+3}{y-3}\right)$ Simplifique su respuesta.

c). $z(w) = \sqrt{4w + 6\ln w}$

Las propiedades de logaritmos se pueden utilizar para rescribir logaritmos.

Propiedades de Logaritmos

$$\ln(xy) = \ln x + \ln y \qquad\qquad \ln(x^r) = r\ln x$$

$$\ln\left(\frac{x}{y}\right) = \ln x - \ln y \qquad\qquad \ln(e^x) = x$$

Ejercicio 3: Simplifique la función logarítmica, luego derívela.

- $a(x) = \ln(e^{x^2} x^{200})$

Observación: Sin estas propiedades, el problema de derivación es más extenso.

$$a'(x) = \frac{\frac{d}{dx}(e^{x^2} x^{200})}{e^{x^2} x^{200}} = \frac{2x e^{x^2} x^{200} + 200 e^{x^2} x^{199}}{e^{x^2} x^{200}} = 2x + \frac{200}{x}$$

- $b(x) = \ln\left[\sqrt[5]{\dfrac{1+x^5}{1-x^5}} \right]$

c). $c(x) = \ln[\, (x^2 + 2x + 1)^{10}(x^3 - x^2 + 1)^{20} \,]$

Cambio de Base de Logaritmos

$$\log_b(x) = \frac{\ln x}{\ln b}$$

Derivadas de funciones logarítmicas con base b

Utilice el cambio de base para derivar $\dfrac{d}{dx}\left(\log_b x\right) = \dfrac{d}{dx}\left(\underbrace{\dfrac{\ln x}{\ln b}}_{cambio\ base}\right) = \dfrac{1}{x \ln b}$

$$\text{Por lo que} \qquad \frac{d}{dx}\left(\log_b x\right) = \frac{1}{x \ln b} \qquad \frac{d}{dx}\left(\log_b u(x)\right) = \frac{u'(x)}{u(x) \ln b}$$

Ejercicio 4: Derive las siguientes funciones.

a). $x(t) = 400 \log_2(8t^2 + t^{1/2} - 1)$

b). $y(t) = t^4 \log_{10}(t)$

c). $z(t) = \log_8\left(\log_4 t\right)$

d). $s(t) = \left(\log_{25} t\right)\left(\log_{1/2} t\right)$

12.   Derivadas de Funciones Exponenciales   (12.2)

Conocemos que $\quad \dfrac{d}{dx} \ln x = \dfrac{1}{x} \quad$ & $\quad \dfrac{d}{dx} \log_b x = \dfrac{1}{x \ln b}$.

La función inversa del logaritmo es la función exponencial a^x,

$$\ln e^x = x \qquad\qquad\qquad \log_b b^x = x$$
$$e^{\ln x} = x \qquad\qquad\qquad b^{\log_b x} x$$

es decir el logaritmo y la función exponencial se cancelan entre sí.

Haciendo uso de esta propiedad y de la regla de la cadena, la derivada de $y(x) = e^x$ es:

Función Original	$y = e^x$
Tomando logaritmos	$\ln y = x$
Derivando respecto a x	$\dfrac{y'(x)}{y(x)} = 1$
Resolviendo para y'(x)	$y'(x) = y(x) = e^x$

Derivada de e^x	$\dfrac{d}{dx}\left(e^x \right) = e^x$

Ejercicio 1:   Diferencie las siguientes funciones

- $a(x) = \dfrac{k_1}{k_2} e^x \qquad k_1, k_2$ son constantes.

- $b(x) = 10\dfrac{e^x}{x^2}$

- $c(x) = e^{\ln x} + \ln(e^{x^2}) + e^{\ln 5} + e^x \quad$ Simplifique utilizando propiedades de logaritmos.

- $d(x) = e^x \ln x \; + \; xe^x$

Regla de la Cadena para Funciones Exponenciales

Si el exponente es función de x, entonces

$$\frac{d}{dx}\left(e^{u(x)} \right) = e^{u(x)}\frac{du}{dx}$$

Ejercicio 2: Derive las siguientes funciones

a). $\dfrac{d}{dx}\left(e^{x^4-3^2}\right)$

b). $g(x) = e^{x+2}\log(x^2+1)$

c). $h(x) = e^2 e^{x^2} e^{-2x^3}$

Ejercicio 3: La función de demanda de un producto es $p = 150e^{-0.01q}$.
a. Encuentre la razón de cambio de p con respecto a la cantidad para $q = 300$.
b. Encuentre e interprete el ingreso marginal cuando $q = 300$.

Derivadas de funciones exponenciales con base b

Derive	$y = b^x$
Tome logaritmos	$\ln y = x \ln b$
Derive respecto a x	$\dfrac{y'(x)}{y(x)} = \ln b$
Resuelva para y'(x)	$y'(x) = y(x) \ln b = b^x \ln b$

$$\text{Por lo que} \qquad \frac{d}{dx}\left(b^x \right) = b^x \ln b \qquad \frac{d}{dx}\left(b^{u(x)} \right) = b^{u(x)} \ln b \, u'(x)$$

Observación: Si $b = e$, $\ln e = 1$ y obtenemos que $\dfrac{d}{dx}\left(e^x\right) = e^x \ln e = 1$.

Ejercicio 4: Derive las siguientes funciones.

a). $f(t) = 5^{t^2 \ln t}$

b). $g(x) = 10^{-x^2+6} + \log(8+x) + e^{x-2}$.   También encuentre $g'(2)$

Aplicaciones Función Exponencial

Ejercicio 5: Después de t años, el valor S de un capital P que se invierte a una tasa anual r compuesta continuamente es $S = Pe^{rt}$. Encuentre la razón de cambio del monto invertido respecto al tiempo.

Ejercicio 6: El costo promedio de producir q unidades de cierto artículo es:

$$\bar{C} = \frac{850}{q} + 6500\frac{e^{(2q+5)/65}}{q} \, .$$

a.) Encuentre la función de costo marginal.

b.) Encuentre el costo marginal para $q = 30$.

13. Elasticidad de la Demanda (12.3)

La elasticidad es un razón que nos permite determinar que tan sensible es la cantidad demandada a variaciones porcentuales en el precio.

Recuerde que un cambio porcentual en un variable q se puede medir como $\dfrac{dq}{q} \times 100\,\%$.

La elasticidad se define como la razón entre el cambio porcentual en la cantidad demandada q y el cambio porcentual en el precio p.

$$\text{Elasticidad Puntual} = \frac{dq/q}{dp/p} \times \frac{100\,\%}{100\,\%} = \frac{p/q}{dp/pq}$$

Definición: Sea $p = f(q)$ una función derivable de demanda, la **elasticidad puntual de la demanda**, denotada por η, en el punto (p, q) es

$$\eta(q) = \frac{p/q}{dp/dq} = \frac{p}{q}\frac{1}{p'(q)}$$

Observaciones:

- Como $p'(q) < 0$, la elasticidad de la demanda es una cantidad negativa.

- La elasticidad es una cantidad sin unidades de medida.

- La elasticidad no es la razón de cambio del precio respecto a la cantidad $\eta \neq p'(q)$.

- **La elasticidad de arco** en (p_1, q_1) es una aproximación de la elasticidad puntual y permite estimar el valor de la elasticidad puntual en (p_1, q_1) al utilizar dos puntos (p_1, q_1) y (p_2, q_2).

$$\text{Elasticidad Arco} = \frac{\Delta q/q}{\Delta p/p} = \frac{q_2 - q_1}{p_2 - p_1}\frac{p_1}{q_1}$$

Ejercicio 1: Considere la ecuación de demanda $p(q) = 900 - q^2$ para $0 \leqslant q \leqslant 30$.

a). Encuentre la función de elasticidad puntual.

b.) Encuentre la elasticidad puntual de la demanda para $q = 10$ y $q = 20$. Interprete ambos resultados.

Categorías de Elasticidad

- Demanda Elástica si $|\eta| > 1$ ó $\eta < -1$.

- Demanda Unitaria si $|\eta| = 1$ ó $\eta = -1$.

- Demanda Inelástica si $|\eta| < 1$ ó $-1 < \eta < 0$.

En el ejercicio anterior, la demanda es elástica $\quad (\, |\eta| = 4)\quad$ para $q = 10$, mientras que es inelástica $\quad (\, |\eta| = 0.625)\quad$ para $q = 20$.

Observaciones:

- Generalmente los bienes de lujo o bienes con muchos sustitutos tienen demanda elástica.

- Los bienes *esenciales* (como la gasolina) o con pocos sustitutos son inelásticos.

Ejercicio 2: Encuentre la función de elasticidad de $p = \dfrac{k}{q^4}$, donde k es una constante.

Observación: Las funciones potencia $p = \dfrac{k}{q^r}$, $\quad r > 0$ tienen funciones con elasticidad constante igual a $-1/r$.

Forma Alternativa para la Elasticidad Puntual:

En algunos problemas se proporciona la inversa de la función de demanda $q = g(p)$, también conocidad como función de demanda-cantidad, se puede calcular la elasticidad puntual de la demanda sin necesidad de resolver explícitamente para p.

Usando la definición de elasticidad puntual.

$$\eta = \frac{dq/q}{dp/p} = \frac{p}{q}\frac{dq}{dp}$$

Sea $q = g(p)$ la inversa de la función de demanda, la **elasticidad puntual de la demanda** en el punto (p, q) también se puede calcular como:

$$\eta(p) = \frac{p}{q}\frac{dq}{dp} = \frac{p}{q}q'(p)$$

Ejercicio 3: Sea $q(p) = \sqrt{500 - p}$ la función de demanda-cantidad de un bien.

a). Encuentre la función de elasticidad puntual de la demanda.

b.) Analice si la demanda es elástica para $p = 100$. Interprete el resultado

Elasticidad para una función de demanda lineal

Una función de demanda lineal tiene la forma $p = mq + b$, donde $m < 0$ y $b > 0$.

El intercepto en el eje-y, b , se conoce como el precio de reserva (el precio más alto que están dispuestos los consumidores a pagar por el producto).

El intercepto en el eje-x , $-\dfrac{b}{m}$, se conoce como la cantidad demandada máxima (la cantidad que demandarían los consumidores si el precio del producto fuera de cero.)

La función de elasticidad es:

$$\eta(q) = \frac{p}{q\,p'(q)} = \frac{mq + b}{qm} = 1 + \frac{b}{mq}$$

La inversa de la función de demanda es $q = \dfrac{1}{m}\left(p - b\right)$

Utilizando la otra fórmula se obtiene una función que depende sólo de p y b.

$$\eta(p) = \frac{p}{q}\,q'(p) = \frac{p\frac{1}{m}}{\frac{1}{m}\left(p - b\right)} = \frac{p}{p - b}$$

Encuentre el precio en el que la elasticidad es unitaria $\eta = -1$.

$$\eta = \frac{p}{p - b} = -1 \qquad\qquad p = b - p \qquad\qquad p = \frac{b}{2}$$

A medida que el precio baja, un bien con función de demanda lineal se vuelve más inelástico y podemos concluir lo siguiente:

- Demanda Elástica ($\eta < -1$) si $p > \dfrac{b}{2}$.

- Demanda Unitaria ($\eta = -1$) si $p = \dfrac{b}{2}$.

- Demanda Inelástica ($-1 > \eta > 0$) si $p < \dfrac{b}{2}$.

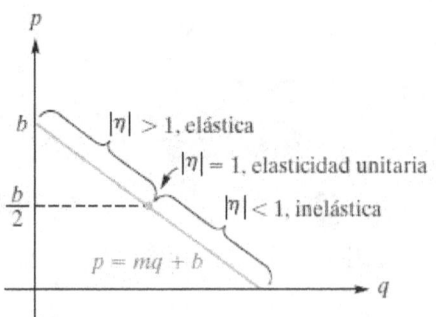

Observaciones:

- El bien es perfectamente inelástico ($\eta = 0$)   para $p = 0$.

- El bien es perfectamente elástico ($\eta = -\infty$)   para $p = b$.

Elasticidad e Ingreso

Dada una función de demanda $p(q)$, la función de ingreso es $I = p(q)\, q$.

El ingreso marginal se calcula y se reescribe de la siguiente manera:

$$I'(q) = \frac{dp}{dq}q + p = p\left(\frac{dp}{dq}\frac{q}{p} + 1\right)$$

$$\eta = \frac{p}{q}\frac{dq}{dp} \qquad\qquad \frac{1}{\eta} = \frac{q}{p}\frac{dp}{dq}$$

$$I'(q) = p\left(1 + \frac{1}{\eta}\right)$$

La fórmula anterior nos permite determinar el ingreso marginal sin necesidad de conocer explícitamente la función de demanda.

$$\text{En General} \quad IM \quad \begin{cases} > 0 & \text{para } \eta < -1 \quad \text{Demanda Elástica} \\ = 0 & \text{para } \eta = -1 \quad \text{Demanda Unitaria} \\ < 0 & \text{para } \eta > -1 \quad \text{Demanda Inelástica} \end{cases}$$

Ejercicio 4: Encuentre el ingreso marginal de un producto con precio $p = 20$, considerando dos diferentes elasticidades $\eta = -2$ y $\eta = -\frac{1}{2}$.

Elasticidad, Precio e Ingreso

Dada una función inversa de demanda $q(p)$, la función de ingreso es $I = p\, q(p)$.

La razón de cambio del ingreso respecto al precio se calcula y se reescribe de la siguiente manera:

$$\frac{dI}{dp} = q + p\frac{dq}{dp} = q\left(1 + \frac{p}{q}\frac{dq}{dp}\right)$$

$$\eta = \frac{p}{q}\frac{dq}{dp}$$

$$\frac{dI}{dp} = q\,(1 + \eta)$$

La fórmula anterior nos permite determinar como una variación en el precio del producto afecta el nivel de ingresos sin necesidad de conocer explícitamente la función de demanda.

En General $\quad \dfrac{dI}{dp} \quad \begin{cases} < 0 & \text{para} \quad \eta < -1 \quad \text{Demanda Elástica} \\ = 0 & \text{para} \quad \eta = -1 \quad \text{Demanda Unitaria} \\ > 0 & \text{para} \quad \eta > -1 \quad \text{Demanda Inelástica} \end{cases}$

Ejercicio 5: Una tienda de electrónica vende 500 impresoras a un precio unitario de $80. Si el precio baja a $75, vende 50 impresoras adicionales.

a. Estime la elasticidad puntual en $q = 500$ utilizando la elasticidad de arco.

b. Estime el ingreso marginal de la tienda para $q = 500$. Interprete el resultado

14.   Diferenciación Logarítmica   (12.5)

El objetivo de la diferenciación logarítmica es simplificar la derivación de funciones que contienen productos, cocientes o potencias. Además permite diferenciar nuevas funciones como x^x, $x^{\ln x}$, $x^{x^2 \ln x}, \cdots$ las cuales no tienen ni base ni exponente constante.

Pasos Diferenciación Logarítmica de $y = f(x)$

1. *Aplique logaritmos* naturales de ambos lados de la ecuación $\ln y = \ln f(x)$

2. *Simplifique* $\ln(f(x))$ usando propiedades de logaritmos.

3. *Derive* ambos lados de la ecuación respecto a x.

4. *Despeje* $\dfrac{dy}{dx}$ ó $y(x)$

5. *Exprese* la respuesta sólo en términos de x.   Sustituya y por $f(x)$.

Recuerde que por la regla de la cadena, $\dfrac{d}{dx}\left(\ln y(x) \right) = \dfrac{1}{y}\dfrac{dy}{dx} = \dfrac{y'}{y}$.

Ejercicio 1:   Encuentre $y'(x)$ por medio de diferenciación logarítmica.

a). $y = \sqrt[5]{\dfrac{6(x^5 - x)^4}{x^{15}e^{-10x}}}$

b). $y = (8x + 5)(5x^2 + 8)^5(8x^3 + 5)^{10}$

Diferenciación de funciones con la forma $u(x)^{v(x)}$

Ejercicio 2: Diferencie las siguientes funciones.

a). $y(x) = x^{\ln x}$

b). $y(x) = (x^2 + 1)^{x^3 - x}$

Ejercicio 3: Encuentre la ecuación de la recta tangente a la curva
$y = (4x - 3)^{2x+1}$ *en el punto donde* $x = 1$.

Resumen Reglas de Diferenciación

1. Regla de la Potencia: $\qquad f(x) = [u(x)]^r \qquad f'(x) = r[u(x)]^{r-1}u'(x)$

2. Regla para Exponenciales: $\qquad g(x) = b^{u(x)} \qquad g'(x) = b^{u(x)}\ln(b)\ u'(x)$

3. Diferenciación Logarítmica para $h(x) = u(x)^{v(x)}$.

$$\ln h = v(x)\ln u(x)$$
$$\frac{h'}{h} = v'(x)\ln u(x)\ +\ v(x)\frac{u'(x)}{u(x)}$$
$$h'(x) = u^v\left[\ v'\ln u\ +\ v\frac{u'}{u}\ \right]$$

Ejercicio 5: Encuentre la derivada de $h(x) = (1 + e^x)^{\ln x}$.

15. Diferenciación Implícita (12.4)

Forma Explícita de una función: La variable dependiente y está expresada en términos de la variable independiente x, $\ y = f(x)$.

Ejemplos de formas explícitas: $\ y = 3x^5 + 5x^3, \quad y = \sqrt{4 - x^2} \ + \ e^{x^2} \ + \ \ln(x^3 + 1).$

Forma Implícita de una función: Ambas variables están del mismo lado de la ecuación y la variable dependiente no está expresada sólo en términos de la variable independiente.

La forma implícita se representa por medio de la ecuación $F(x,y) = 0$.

Ejemplos de formas implícitas: $\ x^2 + y^2 = 6 \cdot \ \ e^x + e^y = \ln(xy).$

En algunos casos es posible reescribir la forma implícita de una función $F(x, y) = 0$ como una forma explícita $y = f(x)$.

Ejercicio 1: Encuentre la pendiente de la recta tangente al círculo
$x^2 + y^2 = 6$ en el punto $\left(\sqrt{3}, \ \sqrt{3} \right)$.

Tome nota que para encontrar la derivada $y'(x)$ primero hay que encontrar la forma explícita de $x^2 + y^2 = 6$.

Observación: La dificultad de encontrar la derivada de y con una forma implícita es que se debe resolver para y lo cual no es siempre posible como en la ecuación $e^x + e^y \ = \ \ln(xy).$

Derivación Implícita

Si suponemos que la ecuación que define a y es una función derivable de x, podemos encontrar la derivada de $y(x)$, SIN NECESIDAD de encontrar su forma explícita.

Encuentre la derivada del ejercicio anterior $x^2 + y^2(x) = 6$.

Trate a y como una función de x y diferencie ambos lados de la ecuación respecto a x

Diferencie
$$\frac{d}{dx}\left(x^2 + y^2(x)\right) = \frac{d}{dx}(6)$$
$$2x + 2y\frac{dy}{dx} = 0$$

Despeje $\dfrac{dy}{dx}$
$$\frac{dy}{dx} = -\frac{2x}{2y} = -\frac{x}{y}$$

Sustituya $y = \sqrt{6 - x^2}$
$$\frac{dy}{dx} = -\frac{x}{\sqrt{6 - x^2}}$$

Observe que se obtiene la misma derivada que en el ejercicio anterior, pero este procedimiento es más rápido.

Pasos Derivación Implícita

1. *Diferencie* ambos lados de la ecuación respecto a x.

2. *Agrupe* todos los términos que contengan $\dfrac{dy}{dx}$ (ó y') en un lado de la ecuación y agrupe los demás términos en el otro lado.

3. *Resuelva* para $\dfrac{dy}{dx}$, tome en cuenta las restricciones del dominio de $y(x)$ e $y'(x)$.

Ejercicio 2: Considere la ecuación $\ln y - x + y^2 + x^2 = 1$.

a). Encuentre la derivada de y respecto a x.

b). Encuentre la ecuación de la recta tangente en el punto $(1, 1)$

Observación: Para encontrar $\dfrac{d}{dx}\left(f(x)g(y) \right)$ se utiliza la regla del producto y luego la regla de la cadena.

$$\frac{d}{dx}\left(f(x)g(y) \right) \;=\; \frac{df}{dx}g(y) \;+\; f(x)\frac{dg}{dy}\frac{dy}{dx} \;=\; f'g + fg'y'(x)$$

Ejercicio 3: Encuentre la pendiente de la curva $(x^2 + y^2)^2 = 4e^{xy}$ en $(0, 2)$.

Aplicaciones Derivación Implícita

Ejercicio 4: La ecuación de demanda de un producto es $p = \dfrac{20}{(q+5)}$.

Encuentre la razón de cambio de la cantidad demandada q con respecto al precio p cuando $q = 5$. Interprete el resultado.

CUIDADO: No se encuentra $p'(q)$ sino la derivada de la inversa $q'(p)$.

Ejercicio 5: Encuentre la propensión marginal al consumo para $I = 16$ y $S = 12$ si la ecuación de ingreso y ahorro de un país es $S^2 + \dfrac{1}{4}I^2 = SI + I$.

Las cantidades están dadas en billones de dólares.

16. Derivadas de Orden Superior (12.7)

La derivada de una función $y = f(x)$ es en sí misma una función $f'(x)$.

Cuando se diferencia $f'(x)$, la función resultante se conoce como la *segunda derivada de f con respecto a x* y se denota como $f''(x)$, f doble prima de x.

La derivada de la segunda derivada se conoce como la *tercera derivada de f con respecto a x* y se escribe como $f'''(x)$.

Los siguientes símbolos se utilizan para representar las derivadas de orden superior.

Primera Derivada	$y'(x)$	$f'(x)$	$\dfrac{dy}{dx}$	$\dfrac{d}{dx}f(x)$	$D_x y$
Segunda Derivada	$y''(x)$	$f''(x)$	$\dfrac{d^2 y}{dx^2}$	$\dfrac{d^2}{dx^2}f(x)$	$D_{xx} y$
Tercera Derivada	$y'''(x)$	$f'''(x)$	$\dfrac{d^3 y}{dx^3}$	$\dfrac{d^3}{dx^3}f(x)$	$D_x^3 y$
Cuarta Derivada	$y^{(4)}(x)$	$f^{(4)}(x)$	$\dfrac{d^4 y}{dx^4}$	$\dfrac{d^4}{dx^4}f(x)$	$D_x^4 y$

Ejercicio 1: Encuentre todas las derivadas de orden superior para las siguientes funciones.

a). $f(x) = x^5 - x^4 - x^3 + x^2 - x + 1$

b.) $g(x) = 4x^3 + 24x^2 - 10x + 1,000$

Observación: Para todo polinomio de grado n, las n-ésima y subsecuentes derivadas son iguales a la función cero.

Ejercicio 2: Encuentre la segunda derivada de las siguientes funciones.

- $a(t) = e^{t^3 + t}$

- $b(t) = \dfrac{t-4}{t+4}$ Simplifique $b'(t)$ antes de encontrar $b''(t)$.

Ejercicio 3: Sea $f(x) = x^3 \ln x$, encuentre la razón de cambio de $\dfrac{d^2 f}{dx^2}$ en $x = e^2$.

Ejercicio 4: Considere la ecuación de demanda $p = 400 + 40q - q^2$.

- ¿Qué tan rápido está cambiando el ingreso marginal cuando $q = 4$?

- Determine el valor(es) de q para los cuales $I'' = 0$.

Los puntos donde $I'' = 0$ ó $f''(x) = 0$ son conocidos como puntos de inflexión y aportan información importante sobre la forma de la gráfica de una función.

Diferenciación Implícita de Orden Superior

Para encontrar la segunda derivada de una función proporcionada por su forma implícita $F(x, y) = c$.

1. Encuentre dy/dx utilizando derivación implícita.

2. Encuentre la segunda derivada.

3. Sustituya cualquier término $y'(x)$ ó dy/dx por las variables x, y.

4. De ser posible simplifique aún más, como expresando $y''(x)$ sólo en términos de x ó de y.

Ejercicio 5: Encuentre la segunda derivada de las siguientes funciones.
Simplifique y exprese $y''(x)$ sólo en términos de la variable y.

a). $x^2 - y^2 = 16$

b.) $e^y = y^2 e^x$

17. Formas Indeterminadas

a. Forma Indeterminada 0/0

El límite de un cociente de funciones $\dfrac{f(x)}{g(x)}$ es indeterminado cuando los valores de ambas funciones tienen a cero a medida que $x \to a$.

Regla de L'Hospital: Suponga que f y g son derivables y $g'(x) = 0$.
Si $\lim\limits_{x \to a} f(x) = 0$ y $\lim\limits_{x \to a} g(x) = 0$ entonces.

$$\lim_{x \to a} \frac{f(x)}{g(x)} = \lim_{x \to a} \frac{f'(x)}{g'(x)}$$

si este límite existe.

Ejercicio 1: Evalúe los siguientes límites.

a. $\lim\limits_{x \to 3} \dfrac{x^2 - 9}{x^2 - 4x + 3}$

b. $\lim\limits_{t \to 0} \dfrac{\sqrt{4 + t} - \sqrt{4 - t}}{t}$

c. $\lim\limits_{x \to 3} \dfrac{\ln(3x - 8)}{x - 3}$

d. $\displaystyle\lim_{x\to 2} \frac{x^2 - 3x + 2}{x + 2}$

b. Forma Indeterminada $\dfrac{\infty}{\infty}$

Regla de L'Hospital: Suponga que f y g son derivables y $g'(x) = 0$.
Si $\displaystyle\lim_{x\to a} f(x) \to \pm\infty$ y $\displaystyle\lim_{x\to a} g(x) \to \pm\infty$ entonces.

$$\lim_{x\to a} \frac{f(x)}{g(x)} = \lim_{x\to a} \frac{f'(x)}{g'(x)}$$

si este límite existe.

Ejercicio 2: Evalúe los siguientes límites.

a. $\displaystyle\lim_{x\to\infty} \frac{10x}{e^{8x}}$

b. $\displaystyle\lim_{x\to\infty} \frac{\ln(x^{1/8})}{x^5}$

c. $\displaystyle\lim_{x\to\infty} \frac{10x^3 + 6x^2 + 8}{4x^2 - 5 - 10x^3}$

d. $\displaystyle\lim_{x\to\infty} \frac{e^{10x}}{5x^2}$

c. Productos Indeterminados $0 \cdot \infty$

Sea $\displaystyle\lim_{x\to a} f(x)g(x)$, si $\displaystyle\lim_{x\to a} f(x) \to \pm 0$ y $\displaystyle\lim_{x\to a} g(x) \to \pm\infty$ (o viceversa),

entonces reescriba el producto como un cociente $\dfrac{f}{g^{-1}}$ ó $\dfrac{g}{f^{-1}}$

Use la regla de L'Hospital para la forma indeterminada $\dfrac{0}{0}$ ó $\dfrac{\infty}{\infty}$.

Ejercicio 3: Evalúe los siguientes límites.

a. $\displaystyle\lim_{x\to\infty} x e^{-x^2}$

b. $\displaystyle\lim_{x\to 0^+} x^2 \ln x$

c. $\displaystyle\lim_{x\to 0^+} x e^{1/x}$

d. Potencias Indeterminadas 1^∞, 0^0, ∞^0

Sea $y = \displaystyle\lim_{x\to a} [f(x)]^{g(x)}$,

Forma 0^0	$\displaystyle\lim_{x\to a} f(x) = 0$	$\displaystyle\lim_{x\to a} g(x) = 0$
Forma ∞^0	$\displaystyle\lim_{x\to a} f(x) = \infty$	$\displaystyle\lim_{x\to a} g(x) = 0$
Forma 1^∞	$\displaystyle\lim_{x\to a} f(x) = 1$	$\displaystyle\lim_{x\to a} g(x) = \infty$

Tome el logaritmo natural de $[f(x)]^{g(x)}$, evalúe $\displaystyle\lim_{x\to a} \ln y$,

el cual es una forma indeterminada a $0/0$, ∞/∞, ó $0\cdot\infty$.

Ejercicio 4: Evalúe los siguientes límites.

a. $\displaystyle\lim_{x\to 0^+} x^{10x}$

b. $\displaystyle\lim_{x \to 0^+} (1 + 4x)^{1/(e^x - 1)}$

c. Interés Compuesto y Valor de una Inversión, r y t son constantes.

$\displaystyle\lim_{n \to \infty} \left(1 + \frac{r}{n}\right)^{nt}$

e. Diferencias Indeterminadas $\infty - \infty$

Sea $\lim\limits_{x \to a} f(x) - g(x)$,

Si $\lim\limits_{x \to a} f(x) \to \infty$ y $\lim\limits_{x \to a} g(x) \to \infty$,

entonces reescriba la diferencia como un cociente,

el cual es una forma indeterminada a $0/0$, ∞/∞, ó $0 \cdot \infty$.

Ejercicio 5: Evalúe los siguientes límites.

a. $\lim\limits_{x \to 1^+} \left[\ln(x^8 - 1) - \ln(x^4 - 1) \right]$

b. $\lim\limits_{x \to 1^+} \left[\dfrac{x}{x - 1} - \dfrac{1}{\ln x} \right]$

18. Extremos Relativos (13.1)

a. Funciones crecientes/decrecientes

Una función es **creciente** si la gráfica de la función se eleva hacia a la derecha, es decir si $x_2 > x_1$ entonces $f(x_2) > f(x_1)$.

Una función es **decreciente** si la gráfica de la función cae hacia a la derecha, es decir si $x_2 > x_1$ entonces $f(x_2) < f(x_1)$.

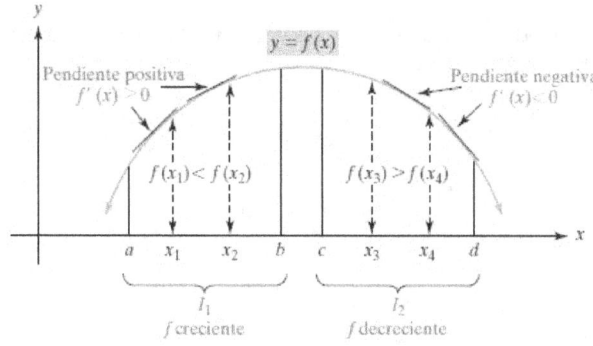

Para una función diferenciable se puede analizar en qué intervalos f es creciente/decreciente.

Regla 1: Criterios para funciones crecientes o decrecientes Suponga que $f(x)$ es derivable en un intervalo I.

- $f'(x) > 0$ en $I \Rightarrow f$ es creciente en el intervalo.

- $f'(x) < 0$ en $I \Rightarrow f$ f es decreciente en el intervalo.

Ejercicio 1: *Determine donde $y = 3x^3 - 36x$ es creciente o decreciente.*

b. Extremos Relativos

En la gráfica de $y = f(x)$ pueden haber puntos que son más **altos** que cualquier otro punto cercano a éste (gráficamente se visualizan como ∩); y también pueden haber puntos que son más bajos que cualquier otro punto cercano (se visualizan como ∪).

Def. Extremos Relativos: Considere un intervalo abierto I que contiene a c.

- f tiene un **Máximo relativo** en c si $f(c) \geqslant f(x)$ para todo número x en I.

- f tiene un **mínimo relativo** en c si $f(c) \leqslant f(x)$ para todo número x en I.

Los máximos y mínimos relativos se conocen como **extremos relativos** o locales.

Ejercicio 2: *Utilice la gráfica de $y = f(x)$ para identificar los extremos relativos de la siguiente función.*

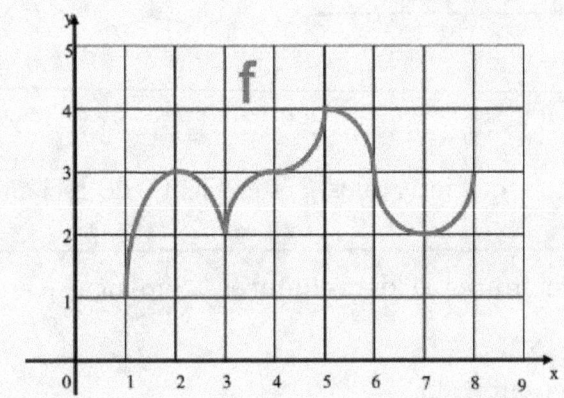

Regla 2: Condición necesaria para extremos relativos

Si la función f tiene un extremo relativo en c, entonces $f'(c) = 0$ ó $f'(c)$ no existe.

CUIDADO! La regla 2 proporciona condiciones necesarias PERO NO SUFICIENTES para un extremo relativo, es decir, que si $f'(c) = 0$, entonces no está del todo garantizado que exista un extremo relativo en $x = c$ como se puede observar en las siguientes funciones.

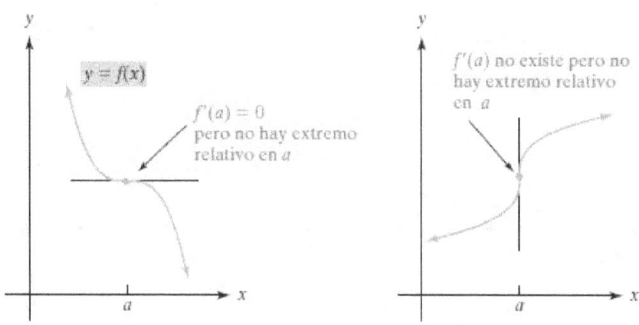

En ambas funciones, no hay extremos relativos a pesar que $f'(a) = 0$ y que la derivada de la segunda función en a no existe.

La importancia de la regla 2 es que *LIMITA* la búsqueda de todos los extremos relativos de f a un número finito o contable de posibilidades.

c. Números críticos de una función

Para un número c en el dominio de f, si $f'(c) = 0$ ó $f'(c)$ no existe, entonces c se denomina un **número crítico para f.**

- Si c es un número crítico, el punto $(c, f(c))$ se conoce como un **punto crítico** de f.

- Los puntos críticos de f son todos los *potenciales* extremos relativos de la función.

Los valores de la primera derivada alrededor de cada punto crítico nos permiten determinar si éste es un **Máximo Relativo**, *mínimo relativo*, o NINGUNO.

Regla 3: Criterios para extremos relativos:

Sea $f(x)$ una función diferenciable y c un número crítico de f.

- $f'(x)$ cambia de positivo a negativo en c $\Rightarrow$ f(c) es un Máximo Relativo.

- $f'(x)$ cambia de negativo a positivo en c $\Rightarrow$ f(c) es un mínimo relativo.

La regla 3 se ilustra de la siguiente manera:

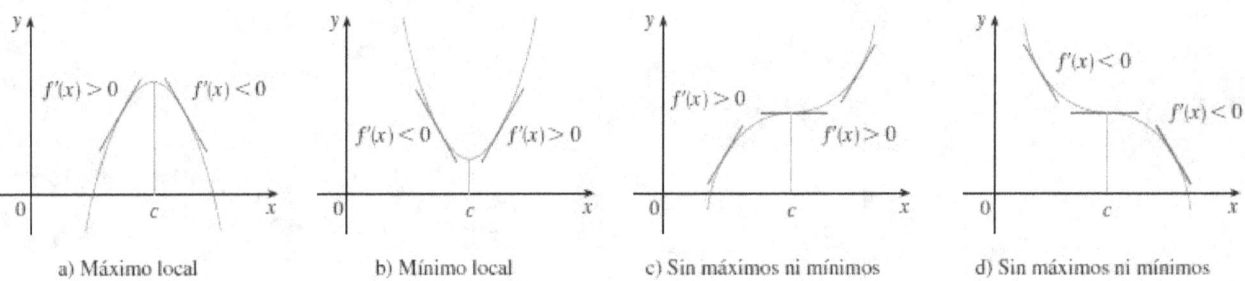

a) Máximo local   b) Mínimo local   c) Sin máximos ni mínimos   d) Sin máximos ni mínimos

Ejercicio 3: *Determine los extremos relativos de las siguientes funciones. Realice un bosquejo preliminar de la gráfica.*

a. $f(x) = 3x^3 - 36x$

b. $g(x) = \dfrac{2}{(x+1)^4}$

c. $h(x) = \dfrac{-x}{x^2+1}$

d. $j(x) = x^{3/5} + 5$

e. $k(x) = x^3 e^x$

19.   Extremos Absolutos   (13.2)

Objetivos del Tema

- Garantizar bajo qué condiciones existen los extremos absolutos.

- Encontrar de manera sistemática los extremos absolutos inspeccionando los valores de sólo un número finito o contable de puntos.

a. Extremos Absolutos

Un número c en el dominio D de la función $y = f(x)$ es un

- **Valor Máximo Absoluto:** si $f(c) \geqslant f(x)$ para todo número en D.

- **Valor mínimo absoluto:**   si $f(c) \leqslant f(x)$ para todo número en D.

Los valores Máximo y mínimo absolutos se conocen como *Extremos Absolutos*.

Ejercicio 1:   *Identifique los extremos absolutos y relativos de la gráfica de*
$y = f(x)$.

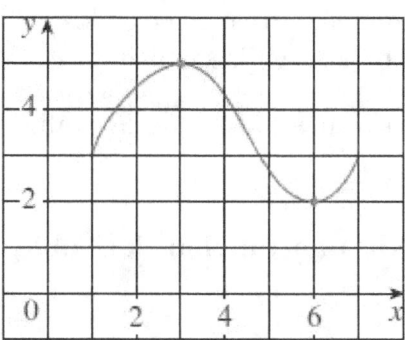

Observación: Un extremo relativo no es necesariamente un extremo absoluto.

Si no se proporciona la gráfica de $y = f(x)$, los extremos locales y absolutos no se pueden determinar por inspección y se requiere de un método más sistemático.

b. TEOREMA DEL VALOR EXTREMO

Si una función es:

   a.) continua en el intervalo.

   b.) y el intervalo es cerrado $[a, b]$.

Entonces la función tiene un Máximo Absoluto y un mínimo absoluto.

Las gráficas de las siguientes tres funciones continuas definidas en un intervalo cerrado ilustran este teorema.

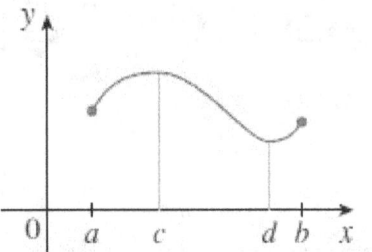 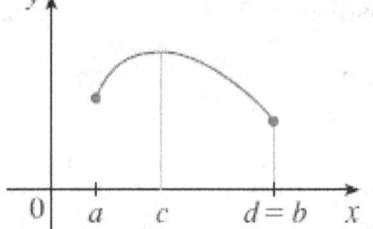 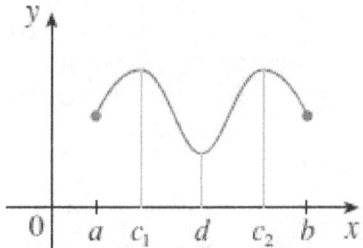

Observaciones:

- Los extremos absolutos se encuentran cuando c es un número crítico de f o en los puntos extremos del intervalo $x = a$ ó $x = b$ como se puede observar en las tres gráficas.

- Un extremos absolutos se puede encontrar entre uno o más puntos de la gráfica de $y = f(x)$.

Procedimiento para encontrar extremos absolutos de una función derivable en un intervalo $[a, b]$

1. Encuentre los números críticos de f.

2. Evalúe $f(x)$ en los puntos extremos a, b y en los números críticos.

3. El valor MÁXIMO de f es el mayor de todos estos valores.

4. El valor mínimo de f es el menor de todos estos valores.

Ejercicio 2: *Encuentre los extremos absolutos de la función dada en el intervalo indicado. Puede realizar un bosquejo de la gráfica de la función.*

- $a(x) = x^5 - 15x^3$ en $[-2, 2]$

- $b(x) = x^7 + 10x$ en $[-1, 1]$.

- $c(x) = \dfrac{-x}{x^2 + 1}$ en $[-10, 10]$

- $d(x) = \sqrt{16 - x^2}$, encuentre el dominio de la función

c. ¿Qué sucede si la función es discontinua o el intervalo es abierto?

No se garantiza la existencia de extremos absolutos si

    a. la función NO es continua en el intervalo   ó

    b. el intervalo NO es cerrado

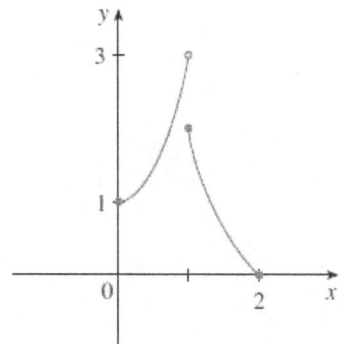 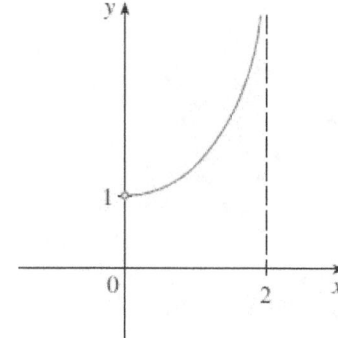

Observe que en la primera función tienen sólo un Mínimo Absoluto, mientras que la segunda función no tiene ningún extremo absoluto.

Ejercicio 3: *Explique si se puede garantizar la existencia de los extremos absolutos para las siguientes funciones en el intervalo dado.*

    a. $p(x) = \dfrac{1}{x^2 - 1}$ en $[-2, 2]$.

    b. $q(x) = x^4 - 8x^2$ en $[0, \infty)$

20. Concavidad (13.3)

Objetivos del Tema

- Utilizar el concepto de segunda derivada en el trazo de la gráfica de una función.

- Analizar la concavidad de una función.

- Identificar los puntos de inflexión de una gráfica.

a. Introducción

Ejercicio 1: Trace la gráfica de $y = (x-1)^4$.

Se pueden considerar las siguientes opciones para el trazo de de la curva de la función. La segunda derivada nos permite realizar el trazo correcto.

Una función creciente ($f'(x) > 0$) puede doblar hacia arriba o hacia abajo:

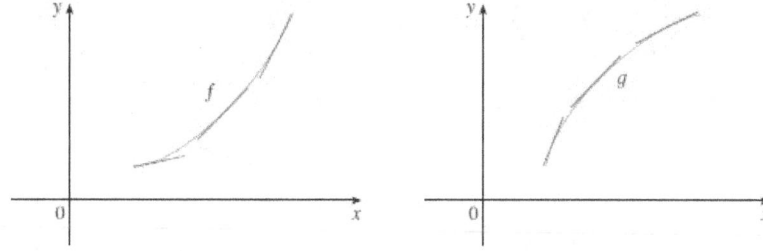

- En la curva de la primera función f, las rectas tangentes quedan debajo de la curva.

- En curva de la segunda función g, las rectas tangentes quedan arriba de la curva.

b. Definición de Concavidad

Sea f una función diferenciable en el intervalo $[a, b]$, f es:

- **Cóncava hacia arriba:** (ó convexa) si la gráfica queda arriba de todas sus rectas tangentes sobre el intervalo $[a, b]$.

- **Cóncava hacia abajo:** si la gráfica de f queda debajo de todas sus rectas tangentes sobre el intervalo $[a, b]$.

Las siguientes gráficas corresponden a funciones que son cóncavas hacia arriba.
Todas estas funciones tienen rectas tangentes con pendientes crecientes $(f''(x) > 0)$.

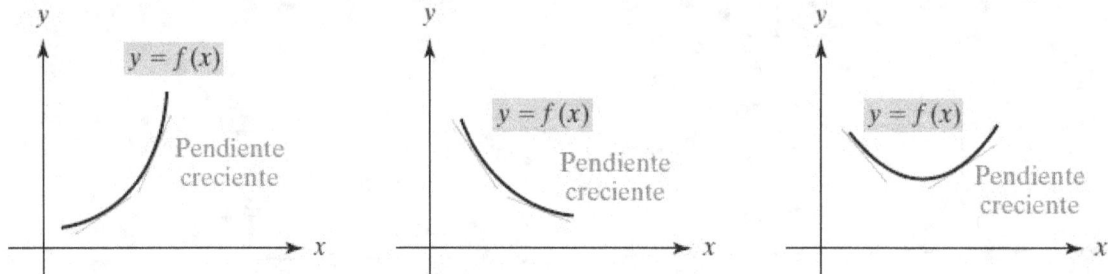

En este caso, las siguientes gráficas corresponden a funciones que son cóncavas hacia abajo.
Todas estas funciones tienen rectas tangentes con pendientes decrecientes $(f''(x) < 0)$.

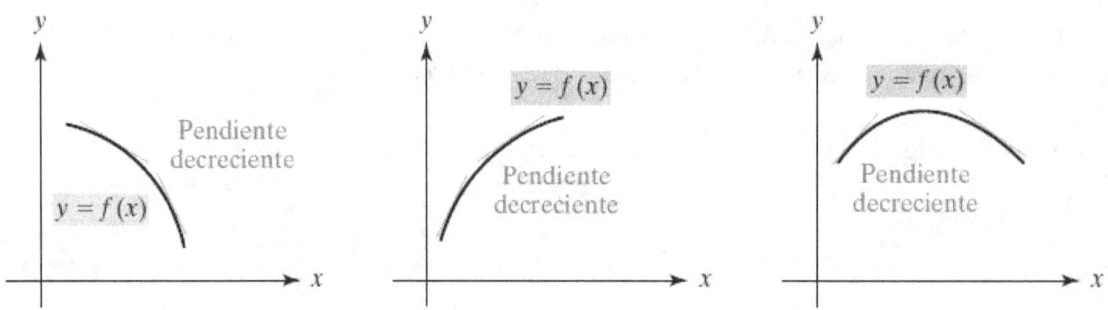

c. Criterios de Concavidad

- f es **Cóncava hacia arriba:** si $f''(x) > 0$ en un intervalo I.

- f es **Cóncava hacia abajo:** si $f''(x) < 0$ en un intervalo I.

d. Puntos de inflexión

Una función tiene un **punto de inflexión** $(a, f(a))$ en a si y sólo si f es continua en a y cambia de concavidad en $x = a$.

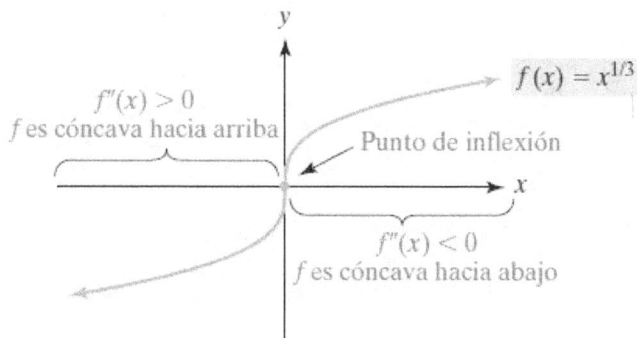

Pasos para Analizar la Concavidad de una función

- Encuentre la segunda derivada de $y = f(x)$.

- Encuentre los valores de x donde $f''(x) = 0$ ó $f''(x)$ no existe.

- Utilice un diagrama de signos para determinar donde $f''(x) > 0$ ó $f''(x) < 0$.

- Encuentre los puntos de inflexión.

Ejercicio 2: Analice la concavidad de la función dada y encuentre los puntos de inflexión (en caso que existan).

a. $y = 19x^2 + 76x - 28$

b. $y = (x - 1)^4$

c. $f(x) = 2x^4 - 48x^3 + 7x + 3$

d. $g(x) = \ln x$

La siguiente función tienen un cambio en su concavidad, pero no tiene un punto de inflexión.

e. $h(x) = 1 - \dfrac{1}{x^3}$

e. TRAZADO de una curva para una función continua

Se tienen los siguientes pasos para el trazo de la curva de una función la cual no tiene ni asíntotas horizontales ni verticales, estos pasos no es necesario que se realicen en este orden y en algunos casos no se realizan todos estos pasos en su totalidad.

0. Encuentre el dominio de la función.

1. Intersecciones en el eje x: Resuelva $f(x) = 0$.

2. Intersección en el eje y.   Evalúe $f(0)$.

3. Encuentre la primera derivada y analice donde la función es creciente/ decreciente.

4. Identifique los extremos relativos.

5. Encuentre la segunda derivada y analice la concavidad de f.

6. Encuentre los puntos puntos de inflexión.

7. Use simetría, identifique si la función es par, impar o ninguna de las dos.

Ejercicio 3: Trace la gráfica de $f(x) = 2x^3 - 9x^2 + 12x$, utilizando la información de los interceptos con los ejes, la primera y la segunda derivada.

21. Formas Indeterminadas

a. Forma Indeterminada 0/0

El límite de un cociente de funciones $\dfrac{f(x)}{g(x)}$ es indeterminado cuando los valores de ambas funciones tienen a cero a medida que $x \to a$.

Regla de L'Hospital: Suponga que f y g son derivables y $g'(x) = 0$.
Si $\lim\limits_{x\to a} f(x) = 0$ y $\lim\limits_{x\to a} g(x) = 0$ entonces.

$$\lim_{x\to a} \frac{f(x)}{g(x)} = \lim_{x\to a} \frac{f'(x)}{g'(x)}$$

si este límite existe.

Ejercicio 1: Evalúe los siguientes límites.

a. $\lim\limits_{x\to 3} \dfrac{x^2 - 9}{x^2 - 4x + 3}$

b. $\lim\limits_{t\to 0} \dfrac{\sqrt{4+t} - \sqrt{4-t}}{t}$

c. $\lim\limits_{x\to 3} \dfrac{\ln(3x - 8)}{x - 3}$

d. $\lim\limits_{x \to 2} \dfrac{x^2 - 3x + 2}{x + 2}$

b. Forma Indeterminada $\dfrac{\infty}{\infty}$

Regla de L'Hospital: Suponga que f y g son derivables y $g'(x) = 0$.
Si $\lim\limits_{x \to a} f(x) \to \pm\infty$ y $\lim\limits_{x \to a} g(x) \to \pm\infty$ entonces.

$$\lim_{x \to a} \frac{f(x)}{g(x)} = \lim_{x \to a} \frac{f'(x)}{g'(x)}$$

si este límite existe.

Ejercicio 2: Evalúe los siguientes límites.

a. $\lim\limits_{x \to \infty} \dfrac{10x}{e^{8x}}$

b. $\lim\limits_{x \to \infty} \dfrac{\ln(x^{1/8})}{x^5}$

c. $\displaystyle\lim_{x\to\infty} \frac{10x^3 + 6x^2 + 8}{4x^2 - 5 - 10x^3}$

d. $\displaystyle\lim_{x\to\infty} \frac{e^{10x}}{5x^2}$

c. Productos Indeterminados $0 \cdot \infty$

Sea $\displaystyle\lim_{x\to a} f(x)g(x)$, si $\displaystyle\lim_{x\to a} f(x) \to \pm 0$ y $\displaystyle\lim_{x\to a} g(x) \to \pm\infty$ (o viceversa),

entonces reescriba el producto como un cociente $\dfrac{f}{g^{-1}}$ ó $\dfrac{g}{f^{-1}}$

Use la regla de L'Hospital para la forma indeterminada $\dfrac{0}{0}$ ó $\dfrac{\infty}{\infty}$.

Ejercicio 3: Evalúe los siguientes límites.

a. $\displaystyle\lim_{x\to\infty} xe^{-x^2}$

120

b. $\lim\limits_{x\to 0^+} x^2 \ln x$

c. $\lim\limits_{x\to 0^+} x e^{1/x}$

d. Potencias Indeterminadas 1^∞, 0^0, ∞^0

Sea $y = \lim\limits_{x\to a} [f(x)]^{g(x)}$,

Forma 0^0	$\lim\limits_{x\to a} f(x) = 0$	$\lim\limits_{x\to a} g(x) = 0$
Forma ∞^0	$\lim\limits_{x\to a} f(x) = \infty$	$\lim\limits_{x\to a} g(x) = 0$
Forma 1^∞	$\lim\limits_{x\to a} f(x) = 1$	$\lim\limits_{x\to a} g(x) = \infty$

Tome el logaritmo natural de $[f(x)]^{g(x)}$, evalúe $\lim\limits_{x\to a} \ln y$,

el cual es una forma indeterminada a $0/0$, ∞/∞, ó $0 \cdot \infty$.

Ejercicio 4: Evalúe los siguientes límites.

a. $\lim\limits_{x\to 0^+} x^{10x}$

b. $\lim\limits_{x \to 0^+} (1 + 4x)^{1/(e^x - 1)}$

c. Interés Compuesto y Valor de una Inversión, r y t son constantes.

$\lim\limits_{n \to \infty} \left(1 + \dfrac{r}{n}\right)^{nt}$

e. Diferencias Indeterminadas $\infty - \infty$

Sea $\lim\limits_{x \to a} f(x) - g(x)$,

Si $\lim\limits_{x \to a} f(x) \to \infty$ y $\lim\limits_{x \to a} g(x) \to \infty$,

entonces reescriba la diferencia como un cociente,

el cual es una forma indeterminada a $0/0$, ∞/∞, ó $0 \cdot \infty$.

Ejercicio 5: Evalúe los siguientes límites.

a. $\lim\limits_{x \to 1^+} \left[\ln(x^8 - 1) - \ln(x^4 - 1) \right]$

b. $\lim\limits_{x \to 1^+} \left[\dfrac{x}{x - 1} - \dfrac{1}{\ln x} \right]$

22. Prueba de la Segunda Derivada   (13.4)

Si f es diferenciable, la segunda derivada puede usarse para probar si ciertos números críticos corresponden a extremos relativos.

a. Prueba de la Segunda Derivada

Suponga que $f'(c) = 0$.

- $f''(c) < 0$ $\Rightarrow$ f tiene un **Máximo Relativo** en c.

- $f''(c) > 0$ $\Rightarrow$ f tiene un **mínimo relativo** en c.

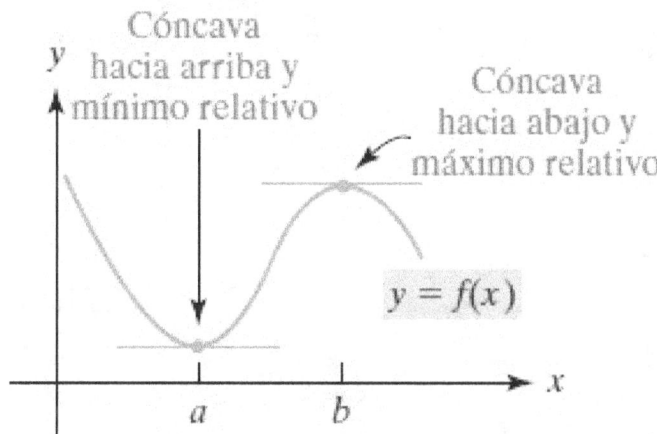

Limitaciones de la Prueba de la Segunda Derivada

- Esta prueba es inconclusa si $f''(c) - 0$, por lo que debe utilizar la prueba de la primera derivada para determinar si hay un máximo relativo, mínimo relativo, o un punto de inflexión en c.

- Esta prueba no se puede utilizar si $f'(c)$ no existe.

Ejercicio 1: Clasifique los puntos críticos de las siguientes funciones. Puede utilizar cualquier prueba para analizar extremos relativos.

$a(x) = \dfrac{1}{3}x^3 + 2x^2 - 5x + 1$

$b(x) = 3x^4 - 4x^3 + 20$

$c(x) = (x^2 - 3)e^x$, haga un trazo de la gráfica de $y = c(x)$

b. Extremos Absolutos y único extremo relativo

Si una función continua tiene exactamente un extremo relativo en un intervalo, puede demostrarse que el extremo relativo también tiene que ser un Extremo Absoluto en el intervalo.

Ejercicio 2: Encuentre los extremos absolutos (si existen) de las siguientes funciones en el intervalo dado.

a. $f(x) = x \ln x$ en $(0, \infty)$

b. $g(x) = x^5 - 80x$ en $[0, 5]$

23. Guía para el Trazado de Curvas

NO TODOS los elementos de la lista son relevantes para cada función.
Estas directrices proporcionan toda la información necesario para hacer un trazo que muestre los aspectos más importantes de la función.

0. **Dominio:** Determine el dominio D de f.

1. **Intersección:** La intersección con el eje y es $f(0)$.
   Intersecciones con el eje x, resolver para x la ecuación $f(x) = 0$.

2. **Simetría**

   i. *Función Par:* $f(-x) = f(x)$ (Simetría respecto al eje y)

   ii. *Función Impar:* $f(-x) = -f(x)$ (Simetría respecto al origen)

3. **Asíntotas**

   i. *Asíntotas Horizontales:* Evalúe $\lim\limits_{x \to \infty} f(x) = L$ y $\lim\limits_{x \to -\infty} f(x) = L$.

   ii. *Asíntotas Verticales:* La recta $x = a$ es una asíntota vertical si al menos una de las siguientes afirmaciones es verdadera.
   $$\lim_{x \to a^+} f(x) = -\infty \quad \lim_{x \to a^+} f(x) = +\infty$$
   $$\lim_{x \to a^-} f(x) = -\infty \quad \lim_{x \to a^-} f(x) = +\infty$$

4. **Intervalos donde la función es creciente o decreciente:** Obtenga $f'(x)$ y encuentre los intervalos en los que $f'(x) > 0$ (f es creciente) y los intervalos en los que $f'(x)$ es negativa (f es decreciente).

5. **Valores mínimo y máximo locales:**
   Halle los números críticos de f ($f'(c) = 0$ o $f'(c)$ no existe).
   Utilice la prueba de la segunda derivada ($f''(c) > 0$ mínimo y $f''(c) < 0$ máximo) o de la primera derivada para identificar extremos locales en $x = c$.

6. **Concavidad y puntos de inflexión:** Obtenga $f''(x)$, la función es cóncava hacia arriba donde $f''(x) > 0$ y cóncava hacia abajo donde $f''(x) < 0$.
   Los puntos de inflexión se localizan donde cambia la concavidad.

7. **Trace la curva:** Utilizando la información de los apartados A-G, trace la gráfica.

1. Para la función $f(x) = 2 + 3x^2 - x^3$ e intervalos donde $f(x)$ es creciente/ decreciente.

   a) Identifique los puntos (x, y) críticos y los extremos relativos.

   b) Identifique los intervalos donde $f(x)$ es creciente / decreciente.

   c) Grafique la función. No es necesario determinar los interceptos con el eje x.

   d) ¿Cuántos interceptos con el eje x se observan en la gráfica?

2. Considere la función $g(x) = (4 - x^2)^5$.   (**20 pts.**)

   $a)$ Identifique si la función es par (simétrica con el eje y) o impar (simétrica respecto al origen).

   $b)$ Identifique los interceptos con el eje x y y.

   $c)$ Identifique los extremos relativos y los intervalos donde $g(x)$ es creciente / decreciente.

   $d)$ Encuentre los puntos de inflexión y los intervalos de concavidad, para su información $g''(x) = 10(4 - x^2)(9x^2 - 4)$.

   $e)$ Grafique la función.

3. Considere la función $h(x) = \dfrac{x^2}{x^2 - 9}$ e identifique.

   a) El dominio.

   b) Las asíntotas horizontales y verticales.

   c) Los extremos relativos.

   d) Si la función es par o impar.

   e) Grafique la función.

   f) Utilice la gráfica de la función para determinar si $h(x)$ es cóncava hacia abajo en todo su dominio.

$h(x) = \dfrac{x^2}{x^2 - 9}$

4. Considere la función $r(x) = \dfrac{x^2}{x^2 + 3}$ e identifique.

   a) El dominio.

   b) Las asíntotas horizontales y verticales (si existen).

   c) Los extremos relativos o locales.

   d) Si la función es par o impar.

   e) Grafique la función.
      Puede serle útil conocer que $r(x)$ tiene puntos de inflexión en $x = \pm 1$.

5. Considere la función $p(x) = x\sqrt{2 - x^2}$ e identifique.

     a) El dominio.

     b) Los extremos relativos.

     c) Si la función es par o impar.

     d) Grafique la función, cuyo trazo es interesante.

6. Considere la función $s(x) = \sqrt[3]{x^2 - 1}$ e identifique.

   a) El dominio.

   b) Los extremos relativos e intervalos donde $s(x)$ es creciente/decreciente.

   c) Los puntos de inflexión e intervalos de concavidad de $s(x)$.

   d) Grafique la función.

7. Considere la función $w(x) = x - \ln x$ e identifique.

    a) El dominio.

    b) Las asíntotas verticales y horizontales (si existen).

    c) Los extremos locales e intervalos donde $w(x)$ es creciente/decreciente.

    d) Grafique la función.

24. Aplicaciones de Máximos y mínimos (13.6)

Es posible resolver problemas que impliquen maximizar una cantidad como la ganancia, utilidad o el volumen de un recipiente, o minimizar una cantidad como el costo o el material utilizado para elaborar un producto.

Generalmente, en estos problemas hay más de dos variables independientes o de decisión pero hay una restricción entre las variables, como una restricción presupuestaria, por lo que eventualmente se obtiene una función de una sola variable que es cóncava hacia arriba (para problemas de minimización) o cóncava hacia abajo (para problemas de maximización).

Hay tres tipos principales de problemas de optimización:

Tipo A: Optimización con una única variable de decisión x y sin restricción de dominio.

$$\text{máx } o \text{ mín } y = f(x)$$

1. Encuentre el(los) número(s) crítico(s) $f'(c) = 0$.

2. Utilice la prueba de la segunda derivada $f''(c) > 0$ para mínimo y $f''(c) < 0$ para máximo.

3. Si sólo hay un número crítico, el extremo es absoluto.

Tipo B: Optimización con una única variable de decisión x y con dominio restringido.

$$\text{máx } o \text{ mín } y = f(x) \text{ en } [a, b]$$

1. Encuentre los números críticos $f'(c) = 0$.

2. Evalúe la función en los extremos $f(a)$ y $f(b)$ y en los números críticos $f(c)$.

3. El mayor de los valores es el máximo absoluto y el menor es el mínimo absoluto.

Tipo C: Problemas de optimización con varias variables de decisión y restriccion(es).

$$\text{máx } o \text{ mín } U = f(x, y) \text{ sujeto a (SA) } g(x, y) = c$$

1. Dibuje un diagrama que refleje la información dada en el problema.

2. Formula una expresión para la cantidad que se quiera optimizar.

3. Utilice las restricciones para escribir la función como de una sola variable.

4. Encuentre los números críticos y determine cuál es el valor extremo absoluto.

5. Responda las preguntas planteadas en el enunciado del problema.

PROBLEMAS DE OPTIMIZACIÓN

1. Una empresa dispone de $ 9,000 para cercar una porción rectangular del terreno adyacente a un río y al río lo usará como un lado del área cercada. El costo de la cerca paralela al río es de $ 15 por pie instalado y el costo para los dos lados restantes es de $ 9 por pie instalado.

   a) Dibuje un diagrama del problema e identifique la información y variables.

   b) Encuentre las funciones de costo y área. Identifique cuál función se debe optimizar y cuál es la restricción.

   c) Exprese la función de área como una función de una sola variable.

   d) Encuentre las dimensiones del cercado y el valor del área máxima.

   e) Encuentre el número crítico y verifique que es un máximo absoluto.

2. **Minimización del Costo Promedio:** Un fabricante determina que el costo total C de producir un artículo q está dado por la siguiente función de costo:

$$C = 0.05q^2 + 5q + 500 \quad q \geqslant 0$$

¿Para qué nivel de producción será mínimo el costo promedio por unidad? Justifique su elección.

Estrategias de Mercadeo

3. Una empresa de bienes raíces vende 100 apartamentos de 70 m^2 con dos habitaciones a una renta mensual de $ 800 por apartamento. Un estudio de mercado encontró que por cada $10 mensuales de incremento en la renta habrá dos departamentos vacíos sin posibilidad de ser rentados.

   ¿Qué renta por apartamento maximizará el ingreso mensual de la empresa?

4. Cada fin de semana un vendedor ambulante vende collares de conchas en la playa. Generalmente vende los collares a Q 50 y sus ventas promedio son de 100 collares. Cuando aumenta el precio en Q 5 , el promedio de ventas disminuye en dos collares. El vendedor quiere conocer el precio de venta que maximiza sus INGRESOS.

a. Encuentre la función de demanda-precio, $p(q)$, suponiendo que es lineal.

b. ¿Cuál precio de venta maximiza sus ingresos? Compare el nivel de ingresos con el precio actual y el nivel de ingresos proyectado con el nuevo precio de venta.

5. **Tamaño económico de pedido:** Una tienda de electrónicos vende 3,500 computadoras al año, el costo por mantener una computadora en inventario es de $ 4, mientras que el costo de operación por pedir un lote de q computadoras es de $70 por orden. La función de costo C para almacenar y ordenar un pedido de q computadoras es:

$$C = \underbrace{70\,\frac{3500}{q}}_{\text{Costo de pedir}} + \underbrace{4\,\frac{q}{2}}_{\text{Costo de almacenar}}$$

a) Determine cuántas computadoras q se deben ordenar en cada período para minimizar los costos de operación.

b) Encuentre el costo mínimo anual y cuántos pedidos se deben hacer al año.

Competencia Perfecta y Monopolios

Suponga que $p = p(q)$ es la función de demanda - precio de un producto de una empresa que produce q unidades.

Sea $C = C(q)$ la función de costo total para producir q unidades.

La utilidad total es: $\quad U = I - C = pq - q$.

La utilidad marginal es: $\quad UM = IM - CM$.
La condición necesaria para maximizar la utilidad es $CM = IM$. ó cuando $UM = 0$.

Para determinar el nivel de producción que maximiza la utilidad hay que considerar dos tipos de empresas.

> - **Competencia Perfecta:** la empresa es tomadora de precio p es constante.
>
> En este caso $IM = p$, la utilidad se maximiza cuando $CM = p$.
>
> - Un **Monopolio** fija precios, el precio y la cantidad son variables de decisión.
>
> Ahora, $IM = \dfrac{d}{dq}\Big(p(q)\, q \Big)$, y la utilidad se maximiza cuando $CM = IM$.

Analicemos cómo cambia el nivel de producción, precio, y nivel de utilidad para una empresa con la misma función de demanda y costos en una situación de competencia perfecta y en una de monopolio.

6. La función de demanda - precio diario para una bolsa de 4 onzas de papas fritas en la ciudad capital es de:

$$p = \frac{190}{\sqrt{q}}$$

El costo de una empresa para producir q bolsas es de $C(q) = 5q - 20q^{1/2} + 40$.

a) Determine el nivel de producción, precio y la utilidad máxima si la empresa es tomadora de precios. (CM=Precio)

b) *Papas Fritz* es un negocio codiciado que se caracteriza por la alta calidad de sus papas fritas. Tiene la misma función de costo pero es un monopolio por su receta exclusiva. Determine su nivel de producción, precio y la utilidad máxima.

7. La ecuación de demanda para el producto de un monopolista es

$$p = 600 - 2q$$

y la función de costo total es

$$C(q) = 0.2q^2 + 28q + 200$$

a) Encuentre la producción y precio que maximizan la utilidad correspondiente.

b) Si el gobierno impone un impuesto de \$22 por unidad al fabricante, ¿cuáles serían entonces la producción y el precio que maximizan la utilidad?

c) Si el gobierno impone una cuota por licencia de \$1,000 al fabricante independiente de la producción, determine el precio y producción que maximizan la utilidad.

d) Encuentre la utilidad correspondiente a cada inciso, ¿en cuál escenario la utilidad es mayor y en cuál escenario se obtiene el precio más alto?

8. **Construcción de una caja:** Una caja sin tapa va a fabricarse cortando cuadrados iguales de cada esquina de una lámina cuadrada de L cms de lado, doblando luego hacia arriba los lados como se muestra en el siguiente diagrama.

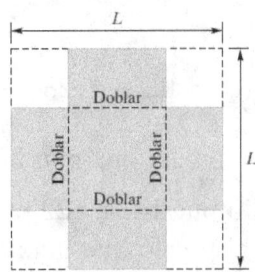

 a) Encuentre una expresión para el volumen de la caja. La variable x denota la longitud del lado del cuadrado que se recorta.

 b) Como el volumen no puede ser negativo, encuentre el dominio práctico de $V(x)$

 c) ¿Cuál es el volumen máximo y el largo del corte?
 Utilice el teorema del Valor Extremo para encontrar el volumen máximo.

9. **Diseño de un recipiente:**   Se debe elaborar un pyrex con base cuadrada abierta en el tope y que debe tener un volumen de 500 cm^3. Encuentre las dimensiones del pyrex que minimizan la cantidad de vidrio que se necesita para construirla. Asuma que el grosor del vidrio en todo el recipiente se mantiene constante.

10. **Diseño de recipientes:** Una lata de aluminio con tapa debe tener un volumen fijo de 250π cm^3. Un cilindro de radio r y volumen h tiene un Volumen de $V = \pi h r^2$ y un área superficial de $A = 2\pi(r^2 + hr)$ (si se suman las áreas de las tapas circulares inferior y superior.

a) Exprese el área como una función de una sola variable.

b) Encuentre el número crítico y compruebe de que es un mínimo absoluto.

c) Encuentre las dimensiones de la lata (radio y altura) y el área mínima.

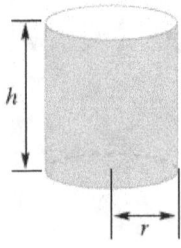

Derivación Modelo Lote Económico de Inventarios (EOQ)

Una distribuidora vende anualmente Q unidades de un artículo, las ventas están distribuidas uniformemente a lo largo del año. Los artículos se adquieren pidiendo una orden de q productos y se deben inventariar. La distribuidora desea determinar el número de unidades (q) que deben ordenarse en cada orden para minimizar los costos totales ANUALES de ordenar y de mantener inventarios.

El **costo por ordenar** cada pedido es igual a c_o (incluye costos administrativos, fletes, impuestos, etc.), la demanda total es Q, por lo que el *número total de pedidos* es igual a $\dfrac{Q}{q}$,

$$\text{Costo de Ordenar} = c_o \, \frac{Q}{q} \, .$$

Costos como seguro, interés, amortizaciones y almacenamiento nos permiten determinar el **costo por retener** cada artículo denotado como c_h por artículo (*holding cost*), generalmente este costo se expresa como un porcentaje sobre el valor de cada artículo.

En el siguiente diagrama se observa el comportamiento del inventario cuando la demanda es constante. Después de cada pedido se tienen q y antes de cada pedido se tienen 0 unidades, por lo que el inventario promedio es igual a $\dfrac{q}{2}$.

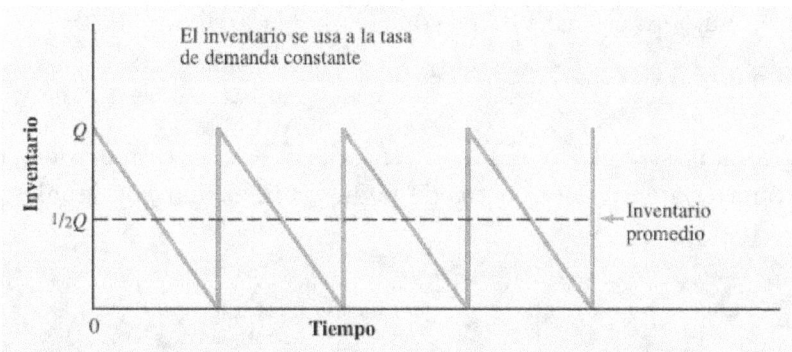

El costo por retener es igual al *holding cost* por el inventario promedio.

$$\text{Costo por retener} = c_h \, \frac{q}{2}$$

Además, si cada año se adquieren Q artículos a un precio unitario de P, se tiene un costo de compra igual a $P\,Q$, el cual se mantiene constante.   En Resumen,

- Costo por ordenar un pedido $C_{ord} = c_o \dfrac{Q}{q}.$

- Costo por retener el producto $C_{alm} = c_h \dfrac{q}{2}.$

- Costo por adquirir Q artículos $C_{com} = PQ = \text{constante}.$

El costo total por administrar el inventario es:

$$C = c_o\frac{Q}{q} + c_h\frac{q}{2} + PQ$$

La única variable de decisión es q, la cual se conoce como *tamaño económico de pedido* (Economic Order Quantity) cuando el costo se minimiza.

El resto de cantidades Q, c_o, c_h, P son datos y constantes positivas.

Para encontrar el costo mínimo, encuentre el número crítico de la función de costo, derivando la función de costo respecto a q e igualando esta derivada a cero:

Derivando respecto a q: $$\frac{dC}{dq} = -c_o\frac{Q}{q^2} + \frac{c_h}{2} + 0 = 0$$

Resolviendo para q: $$\frac{c_h}{2} = c_h\frac{Q}{q^2}$$

$$q^2 = \frac{c_o\,Q}{c_h}$$

Tamaño Económico de Lote $$\mathbf{q} = \sqrt{\frac{c_o\,Q}{c_h}}$$

Como **q** es el único número crítico y C es cóncava hacia arriba, $\left(C'' = \frac{2c_o\,Q}{q^3} > 0 \right)$, entonces el costo mínimo es $C(q^*)$.

El siguiente diagrama ilustra el modelo de inventario EOQ. En este modelo, el costo mínimo se obtiene en el punto en el que los costos de pedir y almacenar son iguales.

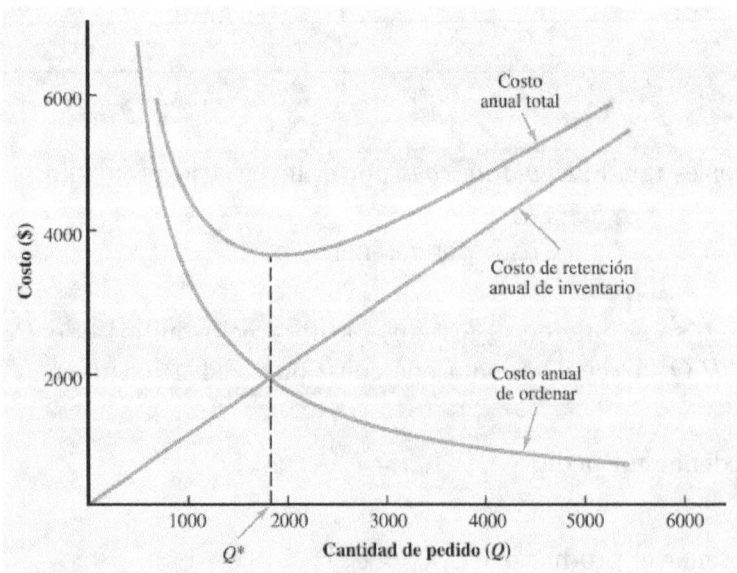

25. Razones Relacionadas

La idea detrás de razones relacionadas es calcular la razón de cambio de una cantidad en términos de la razón de cambio de otra cantidad. Las razones relacionadas son una aplicación de la regla de la cadena y de la derivación implícita.

Sea $y(t) = F(\ x(t)\ )$, note que $y \longrightarrow x \longrightarrow t$.

Utilice la regla de la cadena para encontrar la razón de cambio de $y(t)$ respecto a t.

$$\frac{dy}{dt} = \frac{dy}{dx}\frac{dx}{dt}$$

Ejercicio 1: Suponga que $y = \sqrt{2x + 1}$, donde x & y son funciones de t.

a. Si $\dfrac{dx}{dt} = 3$, encuentre $\dfrac{dy}{dt}$ cuando $x = 4$.

b. Si $\dfrac{dy}{dt} = 5$, encuentre $\dfrac{dx}{dt}$ cuando $x = 12$.

Ejercicio 2: Suponga que $4x^2 + 9y^2 = 36,$ donde x & y son funciones de t.

a. Si $\dfrac{dy}{dt} = \dfrac{1}{3}$, encuentre $\dfrac{dx}{dt}$ cuando $x = 2$ & $y = \dfrac{2}{3}\sqrt{5}$.

b. Si $\dfrac{dx}{dt} = 3$, encuentre $\dfrac{dy}{dt}$ cuando $x = -2$ & $y = \dfrac{2}{3}\sqrt{5}$.

En algunos problemas, pueden haber tres variables que dependen del tiempo, por lo que la tasa relacionada de una variable depende de las tasas relacionadas de las otras dos variables.

Ejercicio 3: Si $x^2 + y^2 + z^2 = 9,$ encuentre $\dfrac{dz}{dt}$ cuando $x = 2,\ y = 2,\ z = 1,\ \dfrac{dx}{dt} = 5,$ & $\dfrac{dy}{dt} = 4.$

PASOS RAZONES RELACIONADAS

1. Lea el problema e identifique la información relevante.

2. Introduzca notación, asignando símbolos a todas las cantidades.

3. Escriba una ecuación que relacione las diferentes cantidades del problema.

4. Utilice la regla de la cadena para derivar respecto a t ambos miembros de la ecuación.

5. Sustituya la información dada en la ecuación resultante.

6. Resuelva para la razón de cambio desconocida.

7. Interprete el resultado en términos de unidades adecuadas como $/unidad, $/mes, $\cdots$, etc.

Ejercicio 4: La relación entre el precio del acero en dólares y su producción en toneladas está dado por $p = 20,000 - \dfrac{q^2}{2}$. La introducción de un innovador proceso de producción permite incrementar la producción de acero en 0.5 *tonelada/mes*.

a. Determine la razón de cambio del ingreso respecto a t cuando se producen 100 ton.

b. Si el costo mensual de implementar el innovador proceso de producción es de $ 3,000 por mes, explique si recomienda implementar este proceso para la fábrica.

Ejercicio 5: El producto interno bruto (PNB) de Francia se puede estimar por medio de la ecuación es $PNB = 350P^{1/2}e^{0.02(t-1)}$ donde la población P está dada en millones de personas, el PNB está dado en miles de millones de dólares, y el año base es el 2014.

a. Encuentre la razón de cambio del PNB en el 2015 si $P = 64$ y $\dfrac{dP}{dt} = 0.5$.

b. Encuentre la tasa porcentual de cambio (ó tasa de crecimiento) del PNB en el 2015.

Ejercicio 6: Una tienda de venta al detalle estima que sus ventas semanales V y su costos de publicidad x están relacionados por la ecuación $V(x) = 60,000 - 40,000e^{-x/20,000}$. Actualmente, los costos semanales de publicidad son \$ 2,000 y aumentan a una tasa de \$300 por semana. Encuentre la tasa dV/dt a la que cambian las ventas.

Ejercicio 7: El costo total semanal (C) y el ingreso total semanal (I) en dólares son $C = 90q + 4,000$, $\quad I = 300q - \frac{1}{3}q^2$, respectivamente. Si la producción semanal es de 300 unidades y crece a una razón de 20 unidades por semana. Encuentre la tasa de cambio del:

a. Costo total semanal respecto al tiempo.

b. Ingreso total semanal respecto al tiempo.

c. Utilidad total semanal respecto al tiempo. Interprete el resultado.

Ejercicio 8: En cierta fábrica, el costo total de fabricación de q artículos durante el proceso de producción diario es de $C(q) = 0.25q^2 + q + 900$.

Se ha determinado que durante las primeras t horas del trabajo de producción diario se fabrican aproximadamente $q(t) = t^2 + 48t$ artículos.

a. Encuentre la razón de cambio del costo total con respecto al tiempo.

b. Encuentre $\dfrac{dC}{dt}$ para 1 hora y 2 horas después de que comience la producción.

Ejercicio 9: En el año 2016, la población de Guatemala aumentó a una tasa de 360 mil habitantes por año respecto al año 2015. Las estadísticas de las Naciones Unidades determinaron que la tasa de homicidio para el año 2016 fue de 32 homicidios por cada 100 mil habitantes. ¿A qué tasa aumentó el número de homicidios por año en el 2,016?

Ejercicio 10: El precio p en dólares y la cantidad demandada x de un producto están relacionadas por la ecuación $2x^2 + 5xp + 50p^2 = 80,000$.

a. Si el precio está incrementando a una tasa de 6 $^\$/_{\text{mes}}$ cuando el precio es de $ 30, encuentre la razón de cambio de la cantidad demandada respecto al tiempo.

b. Si la cantidad demandada está decreciendo a una tasa de 6 unidades por mes cuando la cantidad demandada es de 150 unidades, encuentre la razón de cambio del precio respecto al tiempo.

Ejercicio 11: Cuando se venden batidoras eléctricas a p quetzales cada uno, los clientes comprarán un total de $q = \dfrac{8000}{p}$ mil batidoras cada mes en las tiendas Elektra. Se calcula que dentro de t meses, el precio de las batidoras sea de $p(t) = 0.4t^{3/2} + 150$ quetzales. Calcule el cambio en la demanda mensual de batidoras con respecto al tiempo dentro de 25 meses.

Ejercicio 12: El área de un círculo con radio r es $A = \pi r^2$ y el radio se incrementa con el tiempo. ¿Qué tan rápido se incrementa el área del círculo cuando el radio es de 10 pies y el radio se incrementa con una rapidez constante de 4 pies/s.

www.ingramcontent.com/pod-product-compliance
Lightning Source LLC
Chambersburg PA
CBHW081725220526
45468CB00008B/1983